化学の要点シリーズ 30

フォトクロミズム

日本化学会 [編]

阿部二朗
武藤克也 [著]
小林洋一

共立出版

『化学の要点シリーズ』編集委員会

編集委員長	井上晴夫	首都大学東京 特別先導教授 東京都立大学名誉教授
編集委員 (50 音順)	池田富樹	中央大学 研究開発機構 教授 中国科学院理化技術研究所 教授
	伊藤　攻	東北大学名誉教授
	岩澤康裕	電気通信大学 燃料電池イノベーション 研究センター長・特任教授 東京大学名誉教授
	上村大輔	神奈川大学特別招聘教授 名古屋大学名誉教授
	佐々木政子	東海大学名誉教授
	高木克彦	有機系太陽電池技術研究組合 (RATO) 理事 名古屋大学名誉教授
	西原　寛	東京大学理学系研究科 教授
本書担当編集委員	池田富樹	中央大学 研究開発機構 教授 中国科学院理化技術研究所 教授

『化学の要点シリーズ』
発刊に際して

　現在，我が国の大学教育は大きな節目を迎えている．近年の少子化傾向，大学進学率の上昇と連動して，各大学で学生の学力スペクトルが以前に比較して，大きく拡大していることが実感されている．これまでの「化学を専門とする学部学生」を対象にした大学教育の実態も大きく変貌しつつある．自主的な勉学を前提とし「背中を見せる」教育のみに依拠する時代は終焉しつつある．一方で，インターネット等の情報検索手段の普及により，比較的安易に学修すべき内容の一部を入手することが可能でありながらも，その実態は断片的，表層的な理解にとどまってしまい，本人の資質を十分に開花させるきっかけにはなりにくい事例が多くみられる．このような状況で，「適切な教科書」，適切な内容と適切な分量の「読み通せる教科書」が実は渇望されている．学修の志を立て，学問体系のひとつひとつを反芻しながら咀嚼し学術の基礎体力を形成する過程で，教科書の果たす役割はきわめて大きい．

　例えば，それまでは部分的に理解が困難であった概念なども適切な教科書に出会うことによって，目から鱗が落ちるがごとく，急速に全体像を把握することが可能になることが多い．化学教科の中にあるそのような，多くの「要点」を発見，理解することを目的とするのが，本シリーズである．大学教育の現状を踏まえて，「化学を将来専門とする学部学生」を対象に学部教育と大学院教育の連結を踏まえ，徹底的な基礎概念の修得を目指した新しい『化学の要点シリーズ』を刊行する．なお，ここで言う「要点」とは，化学の中で最も重要な概念を指すというよりも，上述のような学修する際の「要点」を意味している．

本シリーズの特徴を下記に示す．
1) 科目ごとに，修得のポイントとなる重要な項目・概念などをわかりやすく記述する．
2) 「要点」を網羅するのではなく，理解に焦点を当てた記述をする．
3) 「内容は高く」，「表現はできるだけやさしく」をモットーとする．
4) 高校で必ずしも数式の取り扱いが得意ではなかった学生にも，基本概念の修得が可能となるよう，数式をできるだけ使用せずに解説する．
5) 理解を補う「専門用語，具体例，関連する最先端の研究事例」などをコラムで解説し，第一線の研究者群が執筆にあたる．
6) 視覚的に理解しやすい図，イラストなどをなるべく多く挿入する．

本シリーズが，読者にとって有意義な教科書となることを期待している．

『化学の要点シリーズ』編集委員会
井上晴夫（委員長）
池田富樹　伊藤　攻　岩澤康裕　上村大輔
佐々木政子　高木克彦　西原　寛

まえがき

　光を当てると色が変わる．フォトクロミズムは，研究者でなくても，子どもでも見てわかる現象である．フォトクロミズムの歴史は古く，これまで多くの研究者を魅了してきた．われわれが物を見ることができるのも，視細胞に存在するレチナールのフォトクロミズムのおかげである．また，植物が光を感じるのもフィトクロムというフォトクロミック分子のはたらきによるものである．フォトクロミック材料は，太陽光の下で着色し，室内では無色に戻る調光サングラスとして実用化されており，われわれの生活のなかで身近な機能材料である．最近では，化粧品，インテリア，装飾品，ネイル，衣服，紫外線チェッカーなどにも利用されるようになった．また，ノーベル化学賞の研究対象にもなった超解像蛍光顕微鏡や，分子マシンなどの先端科学分野でも重要な貢献をしている．基礎から応用まで，これほど裾野が広い機能材料は珍しい．

　フォトクロミック分子は単に色変化を利用する研究にとどまらず，物質のさまざまな性質を光で制御するための光スイッチ分子として広く利用されており，材料化学の重要な研究基盤となっている．たとえば，池田富樹によってなされた，高分子液晶との融合で大きな発展を遂げた光運動材料や，入江正浩が発見したジアリールエテンの結晶フォトクロミズムによるフォトメカニカル変換材料，2016 年にノーベル化学賞を受賞した B. L. Feringa が開拓した分子マシンの発展は目覚ましく，それらは世界の研究者によって活発に研究が進められている．また，最近では可視光のみで駆動するフォトクロミック分子の開発も急速に進展している．従来のほとんどのフォトクロミック分子は，少なくとも一方向の光異性化反応にはエ

ネルギーの大きな紫外光が必要であったが，フォトクロミック分子を生命科学分野や材料科学分野で利用する際には，手軽に利用でき，なおかつ細胞や物質に優しい可視光で駆動させることが望ましいからである．

　フォトクロミズムを深く理解するためには，有機化学の知識だけでなく，量子化学，光化学，反応速度論の知識も必要となるため，初学者にはハードルが高く感じられるかも知れない．しかし，フォトクロミズムはそれだけ奥が深く，また応用分野も多岐にわたっているため，研究対象としては興味が尽きることのない格好なターゲットである．フォトクロミズムに関する書物の多くは，これまでに開発されてきたフォトクロミック分子の反応機構や，応用例の解説に終始したものが多いが，本書ではフォトクロミズムを理解するために必要な基礎を，幅広い視点から多角的に解説することに努めた．フォトクロミック反応は光化学反応であるため，電子励起状態の理解が求められる．そのため，ここではフォトクロミズムの概要，分子軌道法，電子励起状態，ポテンシャルエネルギー曲線の解説から入り，オレフィンのトランス-シス光異性化反応，光開環/閉環反応，光解離反応の基礎理論，生物が利用しているフォトクロミック分子について解説した．前半部分のクライマックスともいえるポテンシャルエネルギー曲線については，光化学全体を理解するうえで重要であることから，ページ数を割いて，丁寧な説明を心掛けた．本書が，新たにフォトクロミズムを学びたい人や，これからフォトクロミズムの研究を始める人だけでなく，若い研究者がフォトクロミズムを深く理解するための一助となることを願っている．

2019 年早春

阿部二朗，武藤克也，小林洋一

目　　次

第1章　フォトクロミズムとは ……………………………… 1

1.1　フォトクロミズムの歴史 ……………………………… 1
1.2　フォトクロミズムの基本原理 ………………………… 3
1.3　熱戻り反応の反応速度論 ……………………………… 6
1.4　代表的なフォトクロミック分子 ……………………… 7
1.5　逆フォトクロミズム …………………………………… 13

第2章　分子の電子状態 …………………………………… 25

2.1　ボルン・オッペンハイマー近似 ……………………… 25
2.2　分子軌道法 ……………………………………………… 31
2.3　π分子軌道 ……………………………………………… 34
2.4　π分子軌道の特徴 ……………………………………… 40

第3章　電子励起状態 ……………………………………… 49

3.1　ハートリー積とスレーター行列式 …………………… 49
3.2　電子励起状態の波動関数 ……………………………… 53

第4章　電子励起状態を経由する光物理化学過程 ……… 63

4.1　電子励起状態のポテンシャルエネルギー曲線 ……… 63
4.2　円錐交差 ………………………………………………… 66
4.3　フォトクロミック反応の励起状態ダイナミクス …… 69

第5章 オレフィンの光異性化 …………………… **75**

5.1 オレフィンの電子状態と光励起ダイナミクス …………… 75
5.2 アゾベンゼンのフォトクロミズム ……………………… 78
5.3 可視光応答アゾベンゼン ………………………………… 82
   5.3.1 共役長の伸長による吸収スペクトルの長波長化 …… 83
   5.3.2 電子供与性，電子受容性置換基の導入による
         吸収スペクトルの長波長化 ……………………… 84
   5.3.3 可視光応答アゾベンゼンの分子設計 ……………… 85

第6章 電子環状反応 …………………………………… **97**

6.1 有機π電子系化合物のペリ環状反応 …………………… 97
6.2 フロンティア軌道理論に基づく電子環状反応 …………… 98
6.3 ウッドワード・ホフマン則に基づく電子環状反応 ……… 100
6.4 状態相関図とポテンシャルエネルギー曲線 …………… 106
6.5 ジアリールエテンのフォトクロミズム ………………… 107

第7章 結合解離反応 …………………………………… **125**

7.1 結合解離を伴うフォトクロミック化合物 ……………… 125
7.2 水素分子の結合解離過程 ………………………………… 126
7.3 結合解離とポテンシャルエネルギー曲線 ……………… 130
7.4 スピロピランおよびナフトピランのフォトクロミズム
   ………………………………………………………………… 132
7.5 ラジカル解離型フォトクロミック化合物のフォトクロミズム
   ………………………………………………………………… 136

第8章　自然界におけるフォトクロミック分子 ……………147

8.1　自然界における光の役割 ………………………… 147
8.2　動物の中のフォトクロミック分子 ……………………… 148
　8.2.1　ロドプシン ……………………………………… 148
　8.2.2　バクテリオロドプシン ………………………… 155
8.3　植物の中のフォトクロミック分子 ……………………… 158

参考文献 ……………………………………………… 170
索　引 ……………………………………………… 175

コラム目次

1. 熱戻り反応速度と着色濃度の関係 …………………………………… 18
2. 光片道異性化反応 …………………………………………………… 20
3. ハミルトン演算子 …………………………………………………… 42
4. LCAO 法を行列形式で解く ………………………………………… 44
5. ハートリー・フォック方程式 ……………………………………… 56
6. スピン一重項状態とスピン三重項状態 …………………………… 58
7. インジゴはなぜ光異性化しないか？ ……………………………… 72
8. スピン-軌道相互作用 ……………………………………………… 88
9. 摂 動 論 …………………………………………………………… 92
10. 分子マシン ………………………………………………………… 94
11. 軌道相互作用の原理 ……………………………………………… 110
12. 分子の対称性と群論 ……………………………………………… 114
13. BEP モデルとハモンドの仮説 …………………………………… 118
14. ジアリールエテンの応用展開 …………………………………… 118
15. 結合解離過程の実時間測定 ……………………………………… 140
16. ナフトピラン化合物の長寿命着色体の生成を抑制する ……… 142
17. 高速光応答を示すラジカル解離型フォトクロミック化合物
   …………………………………………………………………… 144
18. フォトクロミック蛍光タンパク質 ……………………………… 162

19. ビリルビンの光異性化反応……………………………… **164**
20. バクテリオロドプシンの光異性化反応を原子レベルで視る
    ………………………………………………………………… **166**
21. オプトジェネティクス……………………………………… **168**

第 1 章

フォトクロミズムとは

1.1 フォトクロミズムの歴史

クロミズム（chromism）とは，光などの外部の刺激によって物質の色が可逆的に変化する現象である．光によってひき起こされるクロミズムはフォトクロミズム（photochromism）とよばれている．サーモクロミズム（thermochromism），エレクトロクロミズム（electrochromism），ピエゾクロミズム（piezochromism）はそれぞれ，熱，酸化還元，圧力によってひき起こされるクロミズムとして知られている．

フォトクロミズムの歴史はマケドニア王国のアレクサンドロス3世（紀元前356年～紀元前323年）の時代までさかのぼる [1]．マケドニア王国の上級戦士は太陽光にさらすと色が変わるブレスレットを装着しており，そのブレスレットの色の変化は戦いの開始を告げる合図として使われていた [1,2]．1867年に M. Fritsche は橙色のテトラセンの溶液を太陽光にさらすと無色になり，この無色の溶液を暗所に放置すると元の橙色の溶液に戻ることを報告した [3]（図1.1）．これが学術的に最初に報告されたフォトクロミズムである．さらに，1876年に E. ter Meer は固体状態のジニトロエタンのカリウム塩が太陽光の下で黄色から赤色に可逆的に変化することを報告している [4]．1881年には T. L. Phipson が郵便局の門に

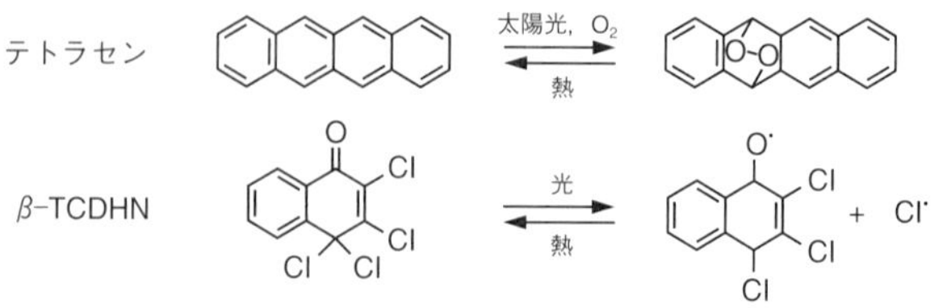

図 1.1 テトラセンとβ-TCDHN のフォトクロミズム

塗られたペンキは日光が当たると黒味を帯び，光が弱まると白くなることに気がついた [5]．これはペンキに含まれている白色顔料のリトポン（硫化亜鉛と硫酸バリウムの混合物）によるものと考えられた．1899 年には W. Markwald が固体状態の 2,3,4,4-テトラクロロナフタレン-1(4H)-オン（β-TCDHN）に光を照射すると可逆的に色が変化することを見いだし（図 1.1），この現象をフォトトロピー（phototropy，光互変）と名づけたが [6]，1950 年に Y. Hirshberg は新たにフォトクロミズムと名づけた [7]．これは生物学の分野で植物の屈光性のことをフォトトロピズム（phototropism）というため混乱を避ける目的である．

このように，フォトクロミズムの歴史はたいへん古く，光の作用で物質の色が変化するという，目で見てわかる現象であることからも，多くの研究者の興味を惹いてきた．1952 年に E. Fischer と Hirshberg がスピロピラン誘導体のフォトクロミズムを報告したことで，フォトクロミズム研究が一気に活発化した [8, 9]．1980 年初頭には，フォトクロミック分子（スピロオキサジン）を混ぜた眼鏡用プラスチックレンズが開発され，有機フォトクロミック材料は屋外の太陽光の下で着色する自動調光サングラスとして初めて実用化された．さらに，1988 年には入江正浩によってジアリールエテンが開発され [10]，光で情報を書き込み，記録された情報を光で

読み出す光メモリー材料への応用が精力的に研究されてきた．また，分子マシン，光運動材料などの光エネルギーを運動エネルギーに変換する新しい概念の研究も始まった [11]．

1.2　フォトクロミズムの基本原理

　フォトクロミズムは，2つ（以上）の異性体が光の作用で可逆的に変換される現象であり，光の照射前後で吸収スペクトルが変化する．分子構造変化に伴って，色の変化だけでなく，蛍光特性，極性（双極子モーメント），屈折率などの分子の特性が変化することもある．さらに，導電性，磁気特性などの物性の変化，巨視的な形状の変化，物質の移動などが生じることもある．熱的に安定な無色の異性体 **A**（無色体）が紫外光を吸収し，熱的に準安定な着色した異性体 **B**（着色体）に光異性化するのが一般的なフォトクロミック反応である．図 1.2(a) には異性体 **A** と異性体 **B** の典型的な吸収スペクトルを示す．紫外光領域に吸収帯をもつ異性体 **A** に波長 λ_1(nm) の紫外光を照射すると，異性体 **A** は異性体 **B** へと光異性化反応を起こす．一方，可視光領域に吸収帯をもつ異性体 **B** に波長 λ_2(nm) の可視光を照射すると，異性体 **B** は異性体 **A** へと光異性化反応を起こす．多くの場合，異性体 **B** も紫外光を吸収するため，異性体 **B** に波長 λ_1(nm) の紫外光を照射しても異性体 **A** に光異性化反応を起こす．したがって，異性体 **A** に紫外光を照射し続けても，異性体 **B** に 100% 異性化させることは難しく，異性体 **A** と異性体 **B** がある割合で存在する混合状態となる．この状態のことを光定常状態（photostationary state：PSS）という．一方で，長波長側の波長 λ_2 (nm) の光は異性体 **B** のみが吸収するため，異性体 **B** に可視光を照射し続けると，異性体 **A** に 100% 異性化させることができる．

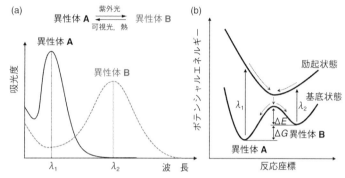

図 1.2　一般的なフォトクロミック分子の (a) 吸収スペクトルと (b) PE 曲線

このように,光定常状態における両異性体の割合は,照射する光の波長に依存する.

フォトクロミック反応の反応経路は,ポテンシャルエネルギー (potential energy：PE) 曲線を用いて考えると理解しやすい.PE 曲線については第 2 章と第 4 章で詳しく解説するが,原子間距離や結合角,あるいは二面角などの分子内座標を変化させたときの分子のエネルギーをプロットしたものと考えてよい.図 1.2(b) には異性体 **A** と異性体 **B** のフォトクロミック反応に関する PE 曲線を示す.異性体 **A** は紫外光を吸収して,異性体 **B** は可視光あるいは紫外光を吸収して,高いエネルギーをもつ電子励起状態に励起される.その後,励起状態の PE 曲線に沿って分子構造が変化して,電子基底状態の PE 曲線に乗り移る.さらに,基底状態の PE 曲線に沿って分子構造が変化して,異性体 **A** あるいは異性体 **B** に到達する.すなわち,励起状態における分子構造変化がフォトクロミック反応の駆動力となっている.

一方,異性体 **A** と比較して熱力学的に準安定な異性体 **B** は,基

底状態の PE 曲線のエネルギー障壁を乗り越えて異性体 **A** に熱異性化する（熱戻り反応，thermal back reaction）．異性体 **B** から異性体 **A** に戻る反応速度は，活性化エネルギー ΔE の大きさに依存する．反応速度は速度定数 k によって決まるが，k は温度が上がるにつれて大きくなることが多い．k の温度依存性は (1.1) 式に示すアレニウスの式（Arrhenius equation）で表される．

$$k = A \exp\left(-\frac{\Delta E}{RT}\right) \tag{1.1}$$

A は頻度因子（frequency factor）といい，一定の温度での反応確率を表している．指数の部分は反応速度の温度依存性を示す因子であり，反応速度が活性化エネルギーと温度の兼ね合いで決まることを示している．反応速度は，活性化エネルギーが大きくなると小さくなり，温度が上がると大きくなる．すなわち，熱戻り反応速度は，活性化エネルギーが小さいほど，あるいは温度が高いほど大きくなる．活性化エネルギーが 100 kJ mol^{-1} の反応では，温度が 10℃ 高くなるに従って，反応速度は 1.5～3 倍程度大きくなる．光定常状態における異性体 **B** の濃度は，異性体 **A** から異性体 **B** を生じる光変換効率（光反応量子収率）と，異性体 **B** から異性体 **A** への熱戻り反応速度によって決まる．したがって，熱戻り反応速度が大きければ，着色体である異性体 **B** の濃度が低くなり，ヒトの目では色変化を認識できない場合もありうる．フォトクロミズムを利用した自動調光サングラスは，真冬の太陽下では濃く着色するのに対して，真夏の炎天下では着色濃度が薄いのはこのためである．一般に，化学反応においては反応の活性化エネルギー ΔE と，反応物と生成物のギブズ自由エネルギー（Gibbs free energy）差 ΔG の間には，直線自由エネルギー関係則（linear free-energy relationship：LFER）があり，ΔG の増大に伴って ΔE が減少し，反応が速

くなる(コラム 13 参照).つまり,異性体 **B** を不安定化させるか,異性体 **A** を安定化させることで ΔG が増大し,熱戻り反応を高速化することができる.

熱戻り反応の活性化エネルギーが小さく,室温程度の熱エネルギーで異性体 **A** に戻るタイプのフォトクロミック分子を T 型フォトクロミック分子という.一方で,熱戻り反応の活性化エネルギーが大きく,室温程度の熱エネルギーでは容易に異性体 **A** に戻らないフォトクロミック分子は P 型フォトクロミック分子とよばれている.P 型フォトクロミック分子では,異性体 **B** に可視光を照射しなければ異性体 **A** に戻すことはできない.T 型は thermal(熱的)に,P 型は photochemical(光化学的)に由来する.T 型フォトクロミック分子は自動調光サングラスをはじめとして,物質の性質を光のオン・オフや,光強度に応じて変化させる場合に有用である.P 型フォトクロミック分子は光メモリー材料をはじめとして,物質の性質を光で切り替えて,それらの状態を長時間持続させる必要がある場合に有用である.

1.3 熱戻り反応の反応速度論

熱的に異性体 **B** から異性体 **A** に戻る反応 **B** → **A** は,多くの場合は一次反応であり,その反応速度 v は (1.2) 式に従う.

$$v = -\frac{d[\mathbf{B}]}{dt} = k[\mathbf{B}] \tag{1.2}$$

$[\mathbf{B}]$ は異性体 **B** の濃度,k は熱戻り反応の速度定数である.異性体 **B** の初期濃度を $[\mathbf{B}]_0$ として,この微分方程式の解は (1.3) 式になる.

$$[\mathbf{B}] = [\mathbf{B}]_0 \exp(-kt) \tag{1.3}$$

すなわち，一次反応では異性体 $\mathbf{B}$ の濃度は時間とともに指数関数的に減少する．速度定数の逆数 $\tau = 1/k$ は，反応物の濃度の減少に対する時定数で寿命とよばれ，異性体 $\mathbf{B}$ の量が初期濃度 $[\mathbf{B}]_0$ の $1/\mathrm{e} \approx 0.368$ になる時間である．また，よく使われるもう一つの時定数として半減期 $t_{1/2}$ がある．半減期は反応物の濃度が半分になる時間である．(1.3) 式で，$[\mathbf{B}]$ が $[\mathbf{B}]_0$ の半分になる時間を $t_{1/2}$ とおくと，

$$\frac{1}{2}[\mathbf{B}]_0 = [\mathbf{B}]_0 \exp(-kt_{1/2}) \tag{1.4}$$

となる．(1.4) 式より，

$$t_{1/2} = \frac{\ln 2}{k} = \frac{0.693}{k} = 0.693\tau \tag{1.5}$$

となり，一次反応の半減期は反応物の初期濃度には無関係で，速度定数のみで決まることがわかる．T 型フォトクロミック分子のフォトクロミック特性の一つとして，着色体の寿命，あるいは半減期は重要な物性値となっている．

1.4 代表的なフォトクロミック分子

これまでに数多くのフォトクロミック分子が開発されてきたが，それらは反応機構の違いから，おもに，(1) トランス-シス異性化，(2) 分子内水素移動，(3) 結合解離，(4) 互変異性，(5) 電子移動，(6) ペリ環状反応に分類することができる．

代表的な T 型フォトクロミック分子を図 1.3 に示す．スチルベンについてはコラム 2 に詳しい記載があるので参照されたい．アゾベ

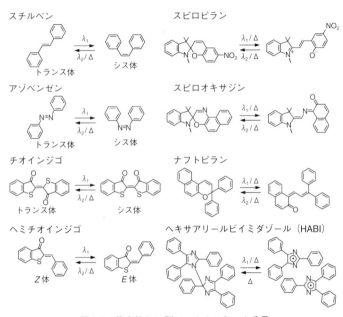

図 1.3 代表的な T 型フォトクロミック分子
それぞれ左辺が安定な異性体の分子構造を示す.

ンゼンは 2 つのベンゼン環が N=N 二重結合で連結された構造をしており，N=N 二重結合に関してトランス体とシス体の構造をとりうる．薄黄色のトランス体は平面構造を有しておりエネルギー的に安定であるが，紫外光照射により N=N 二重結合が回転することでトランス-シス光異性化反応を起こし，平面から多少ねじれた構造を有する橙色のシス体になる．シス体は熱的に，あるいは 420 nm 付近の可視光照射によりトランス体に戻る（図 5.3 参照）．アゾベンゼンのフォトクロミズムの特徴は大きな分子構造変化と，それに伴う大きな双極子モーメント変化である．トランス体の分子長は

0.90 nm であるのに対して，シス体では 0.55 nm と短くなる．また，トランス体の双極子モーメントはほぼ 0 D（デバイ）であるのに対して，シス体では 3 D となる．このような分子特性の大きな変化は，さまざまな機能の光制御に用いられている [1, 11]．

チオインジゴは 1906 年にドイツの P. Friedlaender によって報告された赤色系染料である [12]．アゾベンゼンと同じように，トランス体は平面構造をとっているが，シス体では平面から多少ねじれた構造を有している．チオインジゴはトランス体，シス体ともに可視光の照射によりトランス-シス光異性化反応を起こすことが特徴である．ほとんどのフォトクロミック分子は，少なくとも一方向の光異性化反応にはエネルギーの大きな紫外光が必要であるが，フォトクロミック分子を生命科学分野や材料科学分野で利用する際には，手軽に利用でき，なおかつ細胞や物質に優しい可視光で駆動させることが望ましい．チオインジゴは，このような要請に適うフォトクロミック分子である．チオインジゴとスチルベンを組み合わせた構造を有するヘミチオインジゴは 1883 年に A. Baeyer によって報告された [13]．チオインジゴと同様に，ヘミチオインジゴも Z 体 $\rightleftarrows$ E 体の光異性化反応を可視光で行うことができる．

スピロピランのフォトクロミズムに関する最初の研究は 1952 年に報告された [8]．無色の閉環体（スピロピラン構造）に紫外光を照射すると，着色した異性体である開環体（メロシアニン構造）を生じる．閉環体から開環体への異性化反応は，熱反応によっても起こすことができる（サーモクロミズム）．一方，開環体は可視光照射，あるいは熱反応によって閉環体に戻る．スピロピランのフォトクロミズムの重要な特徴は，開環体が双性イオン構造を有していることである．開環体は閉環体と比べて大きな極性をもつために，極性溶媒中で安定化される．一方で，開環体の励起状態では，基底状

態と比べて双極子モーメントが減少するため,極性溶媒中では基底状態のほうが強く安定化される.したがって,開環体の吸収スペクトルは溶媒極性の増大に伴って短波長側にシフトする.溶媒の極性を変えることで色変化が起こる現象をソルバトクロミズム(solvatochromism)といい,溶媒極性の増大に伴って吸収スペクトルが長波長側にシフトする現象を正のソルバトクロミズムという.逆に,スピロピランの開環体のように,溶媒極性の増大に伴って吸収スペクトルが短波長側にシフトする現象を負のソルバトクロミズムという.さらに,開環体は弱酸性の環境では容易にプロトン化され,正味の正電荷をもつようになる.フォトクロミック反応に伴う大きな分子構造変化,双極子モーメントの変化,荷電状態の変化を利用したさまざまな研究が行われている [1, 11].

スピロオキサジンは,1968年に富士写真フィルム(株)により開発された化合物であり,分子構造はスピロピランと似ているが,開環体の構造は双性イオン構造ではなく中性構造である [14].スピロオキサジンは,酸素存在下でフォトクロミック反応を繰り返しても劣化が少なく,比較的優れた繰り返し耐久性(repeated durability)をもっているため [15],初期の自動調光レンズ材料として広く使われていた [1a, 1b].

ナフトピランのフォトクロミズムは,1966年に R. S. Becker によって初めて報告された [16].開発された当初は,繰り返し耐久性はきわめて低いものであったが,1990年代に自動調光レンズ材料への応用を目指した実用化研究が精力的に推し進められ,優れた繰り返し耐久性と多様な色調を有するフォトクロミック分子に進化した.現在,店頭に並んでいる自動調光レンズの主役を担う分子である [1b].

ヘキサアリールビイミダゾール(HABI)は1957年にお茶の水女

子大学の前田候子と林太郎によって発見された純国産のフォトクロミック分子である[17].HABIに紫外光を照射すると,2つのイミダゾール環を結ぶC-N結合の均等開裂(ホモリシス)により,2分子の着色したトリフェニルイミダゾリルラジカル(TPI•)を生じる.また,HABIは熱反応によってもTPI•を生成する(サーモクロミズム).TPI•は不対電子を有するラジカルとしては比較的安定な部類に入る.一般に,特定の原子上に不対電子が存在する局在ラジカルは化学反応性が高く不安定である.それに対して,TPI•の不対電子はイミダゾール環に非局在化するために安定化される.TPI•は媒体中を拡散するが,ラジカル再結合反応により徐々にHABIに戻る.戻り反応は光により促進されることはなく,熱反応によってのみ消色する典型的なT型フォトクロミック分子である.米国のDu Pont社はHABIの光ラジカル発生機能と,着色体であるTPI•の高いラジカル反応性を利用して,高感度ラジカル重合剤として実用化に成功した[17b].また,近年になって,筆者らはTPI•が媒体中に拡散できないように工夫した架橋型イミダゾール二量体を開発した[18].架橋型イミダゾール二量体は,光を照射すると瞬時に着色し,光を遮るとすみやかに無色に戻る,という他のT型フォトクロミック分子には見られない高速熱消色反応特性を有することが注目されている.

P型フォトクロミック分子はT型フォトクロミック分子と比較すると,その種類は圧倒的に少ない.いくつかの例を図1.4に示す.

フルギドは1905年にドイツのH. Stobbeが初めて合成したが[19],1981年に英国のH. G. Hellerが画期的な誘導体を開発して一躍注目されるようになった[20].人類が最初に手にしたP型フォトクロミック分子として有名である.

フェノシナフタセンキノンのフォトクロミズムは1971年に報告

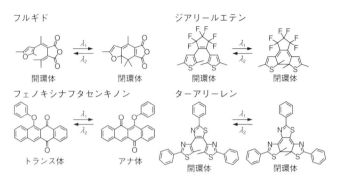

図 1.4　代表的な P 型フォトクロミック分子

された [21]．黄色のトランス体に紫外光を照射すると，原子価互変異性である橙色のアナ体を生成し，アナ体に可視光を照射することで元のトランス体に戻る．トランス体の吸収スペクトルは 400 nm 付近に 1 つの吸収ピークをもつのに対して，アナ体は 440〜480 nm に 2 つの吸収ピークをもつ．繰り返し耐久性は比較的良好で，トランス体⇄アナ体の光異性化反応を 500 回程度繰り返してもほとんど分解物は生じない．

　ジアリールエテンは，1988 年に入江によって報告された代表的な P 型フォトクロミック分子である [10]．無色の開環体に紫外光を照射すると，電子環状反応を起こして着色した閉環体を与える．閉環体は熱的に開環体に戻ることはなく，長時間にわたって安定に存在する．ジアリールエテンの特徴は，(1) 高い光反応収率，(2) 優れた繰り返し耐久性，(3) 優れた熱的安定性，および (4) 結晶状態における良好な光反応性が挙げられる．ジアリールエテンはさまざまな分野で光スイッチ分子として使われているが，最近では，結晶のフォトメカニカル機能が注目を集めている．これは，結晶に光を照射すると結晶が可逆的に変形し，力学的な仕事に利用できる

というものである.ほかにも,結晶表面の可逆的な形態変化やトランジスタ特性,磁気特性,触媒特性,蛍光特性などの光スイッチにも利用されている.M. M. Krayushkin,河合 壯らは,ジアリールエテンの中央エテン部をヘテロ芳香族で置換したターアリーレンを合成し,それらがジアリールエテンと同様な光電子環状反応を示すことを報告した[22].

1.5 逆フォトクロミズム

スピロピランの着色体である開環体は双性イオン構造を有し(図1.3),大きな極性をもつために,水溶液中などの極性環境で大幅に安定化され,無色の閉環体よりも安定化される場合がある[23]. このような場合,安定な開環体に可視光を照射することで,無色の準安定な閉環体に異性化し,閉環体は熱反応で着色した開環体に戻る.このように,光照射により着色する通常のフォトクロミズムとは逆の色変化を示す現象を逆フォトクロミズム(negative photo-

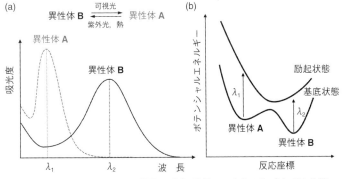

図 1.5 逆フォトクロミック分子の (a) 吸収スペクトルと (b) PE 曲線

chromism）という．逆フォトクロミック反応に関する吸収スペクトル変化と，PE 曲線を図 1.5 に示す．異性体 **B** は着色体，異性体 **A** は無色体を表している．逆フォトクロミック分子の利点は，フォトクロミック反応をひき起こす励起光源として物質や細胞へのダメージの少ない可視光を利用できることと，光異性化反応の進行に伴って無色になるので，励起光として用いている可視光の透過率が高くなり，物質深部まで光反応が起こることである．これまでに報告されている逆フォトクロミック分子は数例にすぎない．図 1.6 に代表的な分子を示す．

ジメチルジヒドロピレンの逆フォトクロミズムは 1965 年に報告

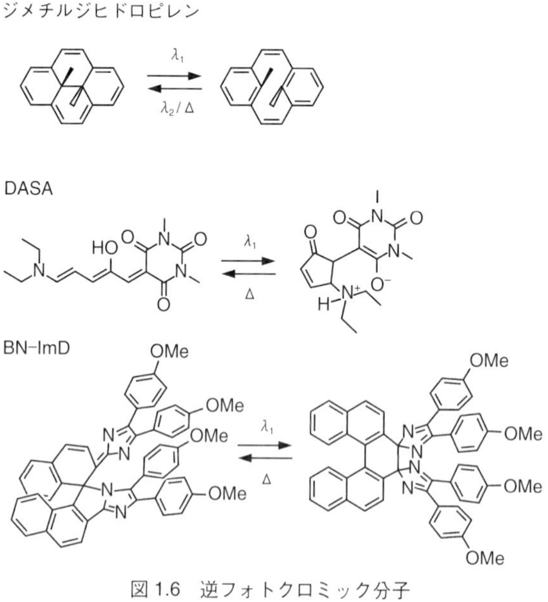

図 1.6 逆フォトクロミック分子
それぞれ左辺が着色体の分子構造を示す．

されたが,最初の論文中では逆フォトクロミズムという用語は使われなかった [24].着色体であるジメチルジヒドロピレンに可視光を照射すると,原子価互変異性体のメタシクロファン構造をもつ無色体に異性化する.無色体は暗所で熱反応により元の着色体に戻る.

DASA(donor–acceptor Stenhouse adduct)の逆フォトクロミズムは,1982 年に本田皓一らによって報告されたが,その当時は分子構造変化や反応機構は不明であった [25].2014 年になって新しく見いだされた汎用的な合成法により繰り返し耐久性に優れたさまざまな誘導体が報告され [26],フォトクロミック反応の詳細な反応機構も明らかにされた [27].空間的に伸びた分子構造を有するDASA の着色体に可視光を照射すると,空間的に縮んだ分子構造の無色体になる.無色体は熱反応で安定な着色体に戻る.DASA の重要な特徴として,着色体は疎水性であるのに対して,無色体は親水性であることが挙げられる.すなわち,可視光照射によって,疎水性と親水性を切り替えることができる.

ビナフチル架橋型イミダゾール二量体(binaphthyl–bridged imidazole dimer:BN–ImD)は 2013 年に筆者らによって報告された最も新しい逆フォトクロミック分子である [28].2 分子のイミダゾリルラジカルをビナフチルで架橋した構造を有する BN–ImD の橙色の着色体に可視光を照射すると,C−N 結合が均等開裂してイミダゾリルラジカルを生成する.このイミダゾリルラジカルはラジカル再結合反応を起こし,無色体を優先的に生成する.無色体は熱的な転移反応で着色体に戻ると考えられている.このように,BN–ImD の逆フォトクロミズムは,着色体,ラジカル,無色体の 3 種類の分子種が関わる初めての例である.

逆フォトクロミズムを示すフォトクロミック分子の例は少なく,

これまで逆フォトクロミズムに関する研究は限られていた．逆フォトクロミズムの応用例の一つとして，オルソゴナル光スイッチ分子が報告されている．1分子内に2つ以上の光応答部位を組み込み，それぞれの光応答部位を異なる波長の光で選択的に反応させることを，オルソゴナル光反応，あるいはオルソゴナル光スイッチという [29,30]．オルソゴナル（orthogonal）には適切な日本語訳はないが，構成要素が独立に光応答する，という意味で使われている．スイスの C. G. Bochet は 2000 年に，1分子内に異なる波長の光に応答する2つの光分解性保護基を導入したケージド化合物（光分解性の保護基で生理活性分子を保護し，一時的にその活性を失わせた分子）を合成して，オルソゴナル光反応の概念実証（proof-of-concept）を報告した（図 1.7）[29]．実際に，波長 254 nm の紫外光を照射すると一方の光分解性保護基が優先的に外れるのに対して，

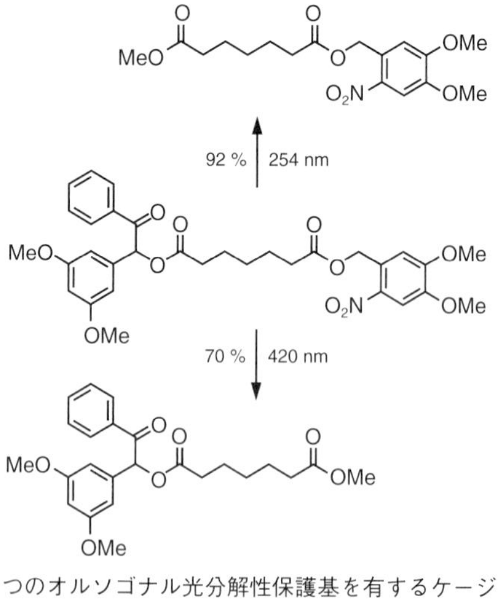

図 1.7 2つのオルソゴナル光分解性保護基を有するケージド化合物

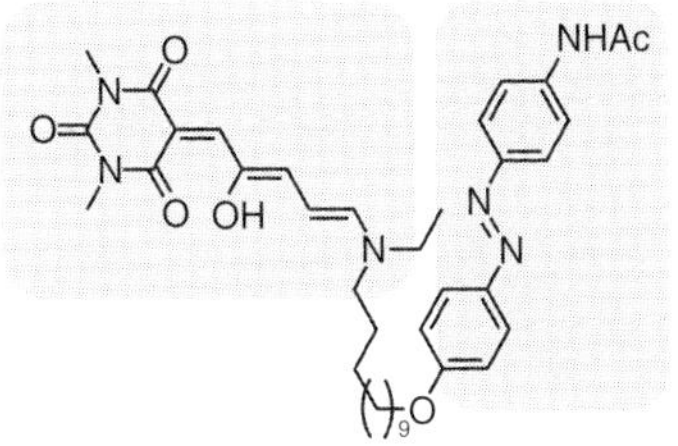

1.5 逆フォトクロミズム

DASA ユニット　アゾベンゼンユニット

図 1.8　オルソゴナル光スイッチ分子

波長 420 nm の可視光を照射すると，他方の光分解性保護基が優先的に外れることを示した．

B. L. Feringa らは，通常のフォトクロミズムを示すアゾベンゼンと，逆フォトクロミズムを示す DASA の両方を 1 分子内に有するフォトクロミック分子を用いたオルソゴナル光スイッチを報告した（図 1.8）[31]．DASA の無色体は波長 300 nm よりも短波長側の紫外光で着色体に光異性化し，着色体は波長 500～600 nm の可視光で無色体に光異性化する．一方で，アゾベンゼンは 300～400 nm の紫外光でトランス体からシス体への光異性化が，400～500 nm の可視光でシス体からトランス体への光異性化が起こる．このように，DASA とアゾベンゼンの吸収帯に重なりがないため，それらのフォトクロミック反応を独立して起こすことができる．このようなオルソゴナル光スイッチは，単一の光応答部位しかもたないフォトクロミック分子では実現することが難しい複雑な光応答分子システムをつくるために有効な手段となる．今後，このような逆フォトクロミズムを利用したオルソゴナル光スイッチ分子は重要性を増すだろう [32]．

コラム 1

熱戻り反応速度と着色濃度の関係

　室温程度の熱エネルギーで，着色体から無色体に戻るT型フォトクロミック分子は自動調光サングラスとして実用化されている．自動調光サングラスに求められる性能として重要なのは，太陽光の下では瞬時に着色し，室内やトンネルなどの太陽光が当たらない場所に移動したときにはすみやかに無色に戻る高速光応答性である．現在，市販されている自動調光サングラスでは，太陽光によって十分に濃く着色するが，無色に戻るまでに数分程度かかってしまう．光定常状態では，熱戻り反応速度が大きくなると着色濃度は薄くなる，というトレードオフの関係が存在する．以下に，反応速度論の観点から説明する．

$$\mathbf{A} \underset{熱}{\overset{光}{\rightleftarrows}} \mathbf{B}$$
$$\text{無色体} \qquad \text{着色体}$$

　Aの励起状態**A***の寿命はナノ秒より短いので，連続して光を照射している状態では，濃度は低く，時間変化しないとする（定常状態近似）．すなわち，$d[\mathbf{A}^*]/dt \approx 0$ と仮定する．光反応量子収率を $\phi_{\mathbf{AB}}$，熱戻り反応の速度定数を $k_{\mathbf{BA}}$ とすると，反応速度式は以下のようになる [1, 2]．

$$-\frac{d[\mathbf{A}]}{dt} = (k_{\mathbf{BA}} + \phi_{\mathbf{AB}}\varepsilon_{\mathbf{A}}I_0 F)[\mathbf{A}] - k_{\mathbf{BA}}[\mathbf{A}]_0$$

ここで，$F = (1-10^{-Abs'})/Abs'$ で定義され，photokinetic factor とよばれる．また，$Abs' = (\varepsilon_{\mathbf{A}}[\mathbf{A}] + \varepsilon_{\mathbf{B}}[\mathbf{B}])l$，$\varepsilon_{\mathbf{A}}$ と $\varepsilon_{\mathbf{B}}$ は励起波長における**A**と**B**のモル吸光係数，I_0 は試料に吸収された全光量，$[\mathbf{A}]_0$ は**A**の初期濃度，l は試料の厚さ（光路長）である．光定常状態では**A**の濃度も一定（$d[\mathbf{A}]/dt = 0$）なので，**B**の吸光度 $Abs_{\mathbf{B}}^{\mathrm{PSS}}$ は，$[\mathbf{A}] + [\mathbf{B}] = [\mathbf{A}]_0$ より，以下のように求められる．

$$Abs_{\mathbf{B}}^{PSS} = \frac{\phi_{\mathbf{AB}}\varepsilon_{\mathbf{A}}I_0 F}{k_{\mathbf{BA}} + \phi_{\mathbf{AB}}\varepsilon_{\mathbf{A}}I_0 F}[\mathbf{A}]_0 \varepsilon_{\mathbf{B}}' l$$

$\varepsilon_{\mathbf{B}}'$ は観測波長における **B** のモル吸光係数である.

A をドープしたフィルムの光定常状態における吸光度を計算してみる.たとえば,**A** の分子量 500,濃度 1wt%,フィルム厚 20 μm,$\varepsilon_{\mathbf{A}} = 4 \times 10^4$ L mol^{-1} cm^{-1},$\varepsilon_{\mathbf{B}} = 1 \times 10^4$ L mol^{-1} cm^{-1},$\varepsilon_{\mathbf{B}}' = 2.2 \times 10^4$ L mol^{-1} cm^{-1},$I_0 = 440$ mW cm^{-2},$\phi_{\mathbf{AB}} = 0.8$ として,**B** の半減期($t_{1/2}$)に対して,光定常状態における吸光度 $Abs_{\mathbf{B}}^{PSS}$ をプロットすると図のようになる.すなわち,半減期の減少(戻り反応速度の増大)に伴って,着色濃度は薄くなることがわかる.

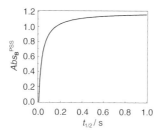

図 着色体の半減期と光定常状態における吸光度の関係

[1] J. Crano, R. Guglielmetti (Eds.):"Organic Photochromic and Thermochromic Compounds", Vol. 2, pp.167-209, Plenum Press, New York (1999).
[2] Y. Inagaki, Y. Kobayashi, K. Mutoh, J. Abe:*J. Am. Chem. Soc.*, **139**, 13429 (2017).

コラム 2

光片道異性化反応

trans-スチルベンを *cis*-スチルベンに光異性化させる(図 1.3)ためには,最も長い波長の光としては 313 nm の紫外光を用いなければならない.しかし,ベンゾフェノンを添加しておくと 366 nm の紫外光でも効率良くシス体が生成する [1].ベンゾフェノンは 366 nm の紫外光を吸収して励起一重項(S_1)状態となるが,すみやかに項間交差して励起三重項(T_1)状態となる.ベンゾフェノンの T_1 状態のエネルギーは 69 kcal mol^{-1} であり,トランス体の T_1 状態のエネルギーの 48 kcal mol^{-1} より大きい.さらに,ベンゾフェノンの T_1 状態の寿命は室温で 10 μs 程度と比較的長いため,T_1 状態のベンゾフェノンから,基底一重項(S_0)状態のトランス体にエネルギー移動が起こる.その結果,ベンゾフェノンは S_0 状態に戻り,トランス体の T_1 状態が生成する.その後,スチルベンは T_1 状態の PE 曲線に沿って C=C 結合が回転し,ほぼ直交した構造

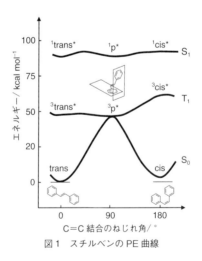

図 1　スチルベンの PE 曲線

の $^3p^*$ になり,基底状態のシス体とトランス体に一定の割合で失活して異性化が完了する(図1).

基質(*trans*-スチルベン)を直接励起することなく,他の物質(ベンゾフェノン)を励起することにより,基質が励起される反応を光増感反応(photosensitized reaction)といい,光を吸収する物質を増感剤(sensitizer)という.ベンゾフェノンのように,T_1 状態からのエネルギー移動を起こす増感剤を三重項増感剤という.三重項増感が起こるためには,T_1 状態の増感剤分子が基質分子と衝突する必要がある.両者の電子雲が接することで,分子間で電子交換が行われ,エネルギー移動が起こる.このような増感機構を交換機構あるいはデクスター(Dexter)機構という.一方で,増感剤の S_1 状態から基質の S_0 状態にエネルギー移動が起こり,基質の S_1 状態が生成する一重項増感の場合には,一般的に増感剤の S_1 状態と基質分子の接触がなくてもエネルギー移動が起こる.このような増感機構を共鳴機構あるいはフェルスター(Förster)機構という.

三重項増感:^{3}(増感剤)* + (基質) ⟶ (増感剤) + ^{3}(基質)*
一重項増感:^{1}(増感剤)* + (基質) ⟶ (増感剤) + ^{1}(基質)*

徳丸克己らは,1983 年に,エチレンの水素をアントラセン環と *t*-Bu 基で置換した化合物 2-AnCH=CH*t*-Bu で重要な発見をした[2, 3].この化合物のシス体を室内光の下にさらしておくと,すべてトランス体に変化するが,トランス体に光を当ててもシス体には変化しない.さらに,シス体からトランス体を生成する光反応の量子収率 $\varPhi_{シス \to トランス}$ が 2.3 であった.それまでの常識では,オレフィンのシス-トランス光異性化反応の $\varPhi_{シス \to トランス}$ が 1 を超えることは考えられなかった.2-AnCH=CH*t*-Bu の $\varPhi_{シス \to トランス}$ は,濃度の増大に伴って直線的に増加したことから,光異性化反応は連鎖的に進行することが示唆された.また,室温ベンゼン中において,シス体の T_1 状態からトランス体の T_1 状態への異性化には約 500 ns の時間を要し,6.0 kcal mol^{-1} の活性化エネルギー

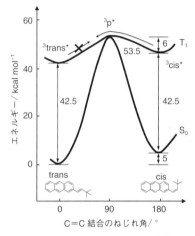

図2 2-AnCH=CHt-Bu の PE 曲線

を伴うことから，2-AnCH＝CH*t*-Bu の PE 曲線は図 2 のようになっていること を明らかにした．シス体の直接励起で生成する S_1 状態は項間交差によりシス 体の T_1 状態に緩和する．その後，T_1 状態の PE 曲線に沿って C＝C 結合が回 転し，トランス体の T_1 状態に至る．トランス体の T_1 状態は S_0 状態に失活し てトランス体を与えるが，そのエネルギーが未反応のシス体に移動すること で，シス体の T_1 状態を生成し，ふたたび異性化反応が進行する．このように， 徳丸らは 2-AnCH＝CH*t*-Bu 自身が，シス-トランス光異性化反応の三重項増感 剤としてはたらいていることを突き止め，異性化反応が量子連鎖的に進行する 場合には，$\phi_{シス \to トランス}$ が 1 を超えることを明らかにした．この現象は従来の オレフィンのシス-トランス光異性化反応とはまったく異なるもので，"光片道 異性化反応（one-way photoisomerization）" と名づけられた．

[1] 徳丸克己・大河原信 編：『増感剤』，講談社サイエンティフィク（1987）．
[2] T. Arai, T. Karatsu, H. Sakuragi, K. Tokumaru：*Tetrahedron Lett.*, **24**, 2873 (1983).
[3] 徳丸克己：化学，**69**, 57（2014）．

第2章

分子の電子状態

2.1 ボルン・オッペンハイマー近似

電子は粒子であるが波動性をもつので,分子中の電子の振舞いはシュレディンガー(Schrödinger)方程式の解である波動関数 Ψ で記述される.

$$\hat{H}\Psi = E\Psi \tag{2.1}$$

$\hat{H}$ は分子のエネルギーを表現するハミルトン(Hamilton)演算子(ハミルトニアン)であり,系の運動エネルギーとポテンシャルエネルギーの和を表す演算子である.シュレディンガー方程式は,ある関数(Ψ)に演算子($\hat{H}$)を作用させると,その関数の定数(E)倍になる,というかたちをしている.このような方程式を固有値方程式(eigenvalue equation)とよび,波動関数 Ψ を固有関数,エネルギー E を固有値(eigenvalue)という(演算子×固有関数=固有値×固有関数).ハミルトン演算子は,原子核の運動エネルギー T_N,電子の運動エネルギー T_e,電子と原子核のクーロン(Coulomb)静電引力によるポテンシャルエネルギー V_{eN},電子間のクーロン静電反発によるポテンシャルエネルギー V_{ee},原子核間のクーロン静電反発によるポテンシャルエネルギー V_{NN} の総和を表しており,(2.2)式のように表される(コラム3参照).r は電子座標を,R

は核座標を表す.

$$\hat{H}(\boldsymbol{r},\boldsymbol{R}) = T_\mathrm{N}(\boldsymbol{R}) + T_\mathrm{e}(\boldsymbol{r}) + V_\mathrm{eN}(\boldsymbol{r},\boldsymbol{R}) + V_\mathrm{ee}(\boldsymbol{r}) + V_\mathrm{NN}(\boldsymbol{R}) \quad (2.2)$$

ハミルトン演算子には $\boldsymbol{r}$ や，$\boldsymbol{R}$ に対して二階微分を行う演算子などが含まれる．すなわち，シュレディンガー方程式は多変数二階微分方程式であり，$\hat{H}(\boldsymbol{r},\boldsymbol{R})$ の固有関数である波動関数 $\Psi(\boldsymbol{r},\boldsymbol{R})$ は電子座標と核座標の関数になる．

$$\hat{H}(\boldsymbol{r},\boldsymbol{R})\,\Psi(\boldsymbol{r},\boldsymbol{R}) = E\Psi(\boldsymbol{r},\boldsymbol{R}) \quad (2.3)$$

分子構造（核座標 $\boldsymbol{R}$）が与えられると，ハミルトン演算子は一義的に定まり，固有値方程式を解くことで $\Psi(\boldsymbol{r},\boldsymbol{R})$ と，$\Psi(\boldsymbol{r},\boldsymbol{R})$ によって記述される状態のエネルギー E が求まる．固有値方程式を満足する $\Psi(\boldsymbol{r},\boldsymbol{R})$ と E の組は複数個存在するから，それらのうちの i 番目の解を $\Psi_i(\boldsymbol{r},\boldsymbol{R})$，それに対応するエネルギーを E_i と表記して，(2.4) 式のように記すほうが波動関数とエネルギーの関係としてはより具体的な表記である．電子はさまざまな状態で存在することができるが，(2.4) 式は電子が Ψ_i の状態にあるときに，分子のエネルギーが E_i であることを示している．

$$\hat{H}(\boldsymbol{r},\boldsymbol{R})\,\Psi_i(\boldsymbol{r},\boldsymbol{R}) = E_i\Psi_i(\boldsymbol{r},\boldsymbol{R}) \quad (2.4)$$

1927 年，M. Born と R. Oppenheimer は，原子核の運動エネルギーが電子の運動エネルギーに比べて格段に小さいことに着目し，電子と原子核の運動を分離して取り扱う方法としてボルン・オッペンハイマー（Born–Oppenheimer）近似（断熱近似（adiabatic approximation）ということもある）を提唱した [33-35]．たとえば，電子の静止質量は 9.1×10^{-31} kg であるのに対して，水素分子の原子核の換算質量は 8.4×10^{-28} kg と重いために，原子核の動きは電

子の動きに比べて遅く，原子核の運動エネルギーは電子の運動エネルギーのわずか3%ほどにすぎない．さらに窒素分子の場合は約0.9%にすぎない．ボルン・オッペンハイマー近似は分子分光学や分子構造論の理論基盤として重要である．

ボルン・オッペンハイマー近似の下では，核座標を$\boldsymbol{R}'$に固定して（原子核の運動を凍結して）固有値方程式を解く．この場合，ハミルトン演算子は，

$$\hat{H}(\boldsymbol{r};\boldsymbol{R}') = T_N(\boldsymbol{R}') + T_e(\boldsymbol{r}) + V_{eN}(\boldsymbol{r};\boldsymbol{R}') + V_{ee}(\boldsymbol{r}) + V_{NN}(\boldsymbol{R}') \tag{2.5}$$

となる．原子核の運動を凍結，つまり原子核の運動エネルギーはゼロなので，(2.5)式の右辺第1項の原子核の運動エネルギー$T_N(\boldsymbol{R}')$は無視できる．また，(2.2)式で核座標$\boldsymbol{R}$は変数であったが，(2.5)式の$\boldsymbol{R}'$は変数ではなく，パラメータ（定数と考えてよい）である．変数とパラメータを区別するために，$\hat{H}(\boldsymbol{r};\boldsymbol{R}')$と$V_{eN}(\boldsymbol{r};\boldsymbol{R}')$に関しては，「;」で$\boldsymbol{r}$と$\boldsymbol{R}'$を区切っている．(2.5)式で表されるハミルトン演算子$\hat{H}(\boldsymbol{r};\boldsymbol{R}')$の固有関数は，核座標を$\boldsymbol{R}'$に固定したときの波動関数であり，電子座標$\boldsymbol{r}$だけの関数なので，電子波動関数といい，$\Psi_i^e(\boldsymbol{r};\boldsymbol{R}')$と表記する．$\Psi_i^e(\boldsymbol{r};\boldsymbol{R}')$は以下の固有値方程式の固有関数である．

$$\hat{H}(\boldsymbol{r};\boldsymbol{R}')\Psi_i^e(\boldsymbol{r};\boldsymbol{R}') = E_i^e(\boldsymbol{R}')\Psi_i^e(\boldsymbol{r};\boldsymbol{R}') \tag{2.6}$$

(2.6)式の固有値$E_i^e(\boldsymbol{R}')$は，核座標を$\boldsymbol{R}'$に固定したときの，電子運動エネルギー$T_e(\boldsymbol{r})$，電子-原子核間ポテンシャルエネルギー$V_{eN}(\boldsymbol{r};\boldsymbol{R}')$，電子間ポテンシャルエネルギー$V_{ee}(\boldsymbol{r})$，原子核間ポテンシャルエネルギー$V_{NN}(\boldsymbol{R}')$の和になる．原子核の運動エネルギー$T_N(\boldsymbol{R}')$は含まれないことに注意する．$E_i^e(\boldsymbol{R}')$を$i$番目の電子状態の断熱ポテンシャル（adiabatic potential）という．

核座標 $\boldsymbol{R}$ を変化させて,その都度 (2.6) 式の固有値方程式を解いて得られた $E_i^e(\boldsymbol{R})$ をプロットしたものを(断熱)ポテンシャルエネルギー (potential energy:PE) 曲線という.分子の場合,$\boldsymbol{R}$ としては,原子間距離や結合角,あるいは二面角などの分子内座標が考えられる.複数の $\boldsymbol{R}$ を変化させた場合には曲線ではなく曲面になる.たとえば,二原子分子の断熱ポテンシャルを原子間距離に対してプロットすることで得られる PE 曲線を図 2.1 に示す.PE 曲線は核座標 $\boldsymbol{R}$ の関数になるので,これを $V_i(\boldsymbol{R})$ と記す.$V_i(\boldsymbol{R})$ は,$T_e(\boldsymbol{r})$,$V_{eN}(\boldsymbol{r};\boldsymbol{R'})$,$V_{ee}(\boldsymbol{r})$,$V_{NN}(\boldsymbol{R'})$ の和である.図 2.1 からわかるように,$V_i(\boldsymbol{R})$ は核座標の変化に対して大きく変化するが,$V_i(\boldsymbol{R})$ の変化の要因として最も大きく影響するのは原子核間ポテンシャルエネルギー $V_{NN}(\boldsymbol{R})$ の変化である.なぜならば,核座標の変化に対して,核の平衡位置の近傍では $T_e(\boldsymbol{r})$,$V_{eN}(\boldsymbol{r};\boldsymbol{R'})$,$V_{ee}(\boldsymbol{r})$ はほとんど変わらないからである.$V_i(\boldsymbol{R})$ を二次関数として近似する場合があるが,このような近似法を調和振動子近似(harmonic oscillator approximation)という.

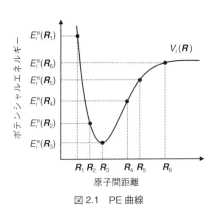

図 2.1　PE 曲線

ここまでは，核座標を $\boldsymbol{R}'$ に固定して考えてきたが，以後，固定することをやめて (2.2) 式を考え直してみる．ここまでの説明で，(2.2) 式の $T_e(\boldsymbol{r})+V_{eN}(\boldsymbol{r},\boldsymbol{R})+V_{ee}(\boldsymbol{r})+V_{NN}(\boldsymbol{R})$ が $V_i(\boldsymbol{R})$ と記されることがわかったので，(2.2) 式は (2.7) 式のように書き改めることができる．

$$\hat{H}_N(\boldsymbol{R}) = T_N(\boldsymbol{R}) + V_i(\boldsymbol{R}) \tag{2.7}$$

$\hat{H}_N(\boldsymbol{R})$ は核座標 $\boldsymbol{R}$ のみを含むので，原子核のハミルトン演算子という．$\hat{H}_N(\boldsymbol{R})$ の固有関数は核座標 $\boldsymbol{R}$ だけの関数であり，$\chi_v^N(\boldsymbol{R})$ と表記する．$\chi_v^N(\boldsymbol{R})$ は以下の固有値方程式の固有関数である．

$$\hat{H}_N(\boldsymbol{R})\chi_v^N(\boldsymbol{R}) = E_v^N \chi_v^N(\boldsymbol{R}) \tag{2.8}$$

$\chi_v^N(\boldsymbol{R})$ は電子波動関数が $\Psi_i^e(\boldsymbol{r};\boldsymbol{R}')$ のときの，原子核の運動状態を表す波動関数であり振動波動関数 (vibrational wavefunction) という．振動波動関数 $\chi_v^N(\boldsymbol{R})$ に対応する E_v^N を振動エネルギー (vibrational energy) という．添字の v は振動の量子数を表す．厳密には分子の回転状態も考えなければならないが，回転エネルギーは小さいのでここでは無視する．

以上のことをまとめると，電子のエネルギーと核の振動エネルギーについて，次のように理解することができる．電子状態が $\Psi_i^e(\boldsymbol{r};\boldsymbol{R}')$ のとき，電子エネルギーは $E_i^e(\boldsymbol{R}')$ である．このとき，核はポテンシャル $V_i(\boldsymbol{R})$ を受けて運動しており，核の振動状態は $\chi_v^N(\boldsymbol{R})$，核の振動エネルギーは E_v^N である．すなわち，分子の全エネルギーは電子のエネルギーと核の振動エネルギーの和であるので，以下のようになる．

$$E = E_i^e(\boldsymbol{R}') + E_v^N \tag{2.9}$$

$E_i^e(\boldsymbol{R})$ としては,通常は PE 曲線の極小点である平衡核配置 $\boldsymbol{R}'$ におけるエネルギーを考える.また,(2.3) 式の固有関数である分子の全波動関数は,電子波動関数と振動波動関数の積として表される.

$$\Psi(\boldsymbol{r}, \boldsymbol{R}) = \Psi_i^e(\boldsymbol{r}; \boldsymbol{R}')\chi_v^N(\boldsymbol{R}) \tag{2.10}$$

(2.8) 式の固有値は複数個得られるが,それらは振動の量子数 v で区別され,それぞれのエネルギー準位を振動準位 (vibrational level) という.図 2.2 には,$v=0$ から $v=3$ までの振動準位と,振動波動関数 $\chi_v^N(\boldsymbol{R})$ を示してある.なお,$v=0$ の準位をゼロ点振動準位(zero-point vibrational level)とよび,E_0^N をゼロ点エネルギー(zero-point energy:ZPE)という.

ボルン・オッペンハイマー近似の下では,核座標 $\boldsymbol{R}$ が変化しても,電子波動関数 $\Psi_i^e(\boldsymbol{r}; \boldsymbol{R}')$ は変化しないものとしたが,電子励起状態が関わる場合には,しばしばボルン・オッペンハイマー近似が成り立たないことがある.すなわち,核が動くことで電子波動関数

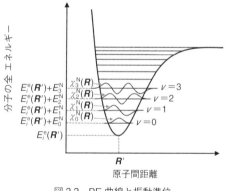

図 2.2 PE 曲線と振動準位

が変化する場合がある．そのような場合には，以下に示すように，全波動関数 $\Psi(\boldsymbol{r},\boldsymbol{R})$ を，異なる複数の電子波動関数 $\Psi^e(\boldsymbol{r};\boldsymbol{R})$ の一次結合で表すことで，$\Psi(\boldsymbol{r},\boldsymbol{R})$ に核座標依存性をもたせる．

$$\Psi(\boldsymbol{r},\boldsymbol{R}) = \sum_n \chi_n(\boldsymbol{R})\, \Psi_n^e(\boldsymbol{r};\boldsymbol{R}') \tag{2.11}$$

$\chi_n(\boldsymbol{R})$ は $\Psi_n^e(\boldsymbol{r};\boldsymbol{R}')$ で一次結合したときの係数であり，$\boldsymbol{R}$ の関数である．すなわち，(2.11)式は核座標が変化することで，異なる複数の電子波動関数が混ざることを示している．このことを非断熱結合（nonadiabatic coupling）という．第4章では，2つの電子状態が混ざる現象である回避的面交差や円錐交差について考えるが，これらはフォトクロミック反応の反応機構を理解するうえで重要である．

2.2 分子軌道法

(2.6)式に示した，多電子系のハミルトン演算子 $\hat{H}(\boldsymbol{r};\boldsymbol{R}')$ に対する固有値方程式を解析的に解くことはできない．この固有値方程式の固有関数である $\Psi^e(\boldsymbol{r};\boldsymbol{R}')$ は，すべての電子の座標を変数とする多電子波動関数である．$\hat{H}(\boldsymbol{r};\boldsymbol{R}')$ には，電子間のクーロン静電反発によるポテンシャルエネルギー $V_{ee}(\boldsymbol{r})$ が含まれているために，1電子の座標だけを含む一電子波動関数を定義することは原理的にできない．そこで，1つの電子に着目し，他の電子からの影響を何らかのかたちで取り込んだうえで，その1つの電子の電子波動関数（軌道関数，一電子軌道）をつくり，その一電子波動関数から全電子波動関数を組み立てる近似方法が用いられている．この近似方法を独立電子近似（one electron approximation）とよび，量子化学において，ボルン・オッペンハイマー近似に次ぐ本質的な近似となっ

ている.軌道関数は1電子の座標のみを変数とする関数であり,多電子原子の場合は原子軌道(atomic orbital),分子の場合は分子軌道(molecular orbital)とよばれている.すなわち,分子の多電子波動関数を求めるためには,独立電子近似を用いて分子軌道を求め,得られた分子軌道を使って多電子波動関数を組み立てることになる.分子軌道から全電子波動関数を組み立てる方法には2つある.一つは,全電子波動関数を分子軌道の積として表すハートリー積(Hartree product)である.この方法は簡便ではあるが,電子を区別しているという欠点がある.もう一つは,この欠点を補うための方法であり,全電子波動関数をスレーター行列式(Slater determinant)で表す方法である.これらの詳細については第3章で説明する.

多電子問題を一電子問題に簡素化する方法,すなわち多電子ハミルトン演算子の固有値問題を,一電子ハミルトン演算子の固有値問題に帰着するための平均場近似について説明する[35-37].平均場近似とは,ある電子に着目したとき,その電子は他のすべての電子雲がつくる平均的な場の中に存在すると考える近似である.電子間のクーロン静電反発によるポテンシャルエネルギー $V_{ee}(\boldsymbol{r})$ はすべての電子座標($\boldsymbol{r}_1, \boldsymbol{r}_2, \cdots, \boldsymbol{r}_n$)を変数とする関数であるが,平均場近似では電子 i と他の電子の間にはたらくすべてのクーロン反発ポテンシャルを平均化して,電子 i の座標だけを使って $v_{ee}(\boldsymbol{r}_i)$ と表す.このような平均場近似を取り入れることで,(2.12)式に示すように,$V_{ee}(\boldsymbol{r})$ はそれぞれの電子の平均化されたポテンシャルの和として表すことができる.

$$V_{ee}(\boldsymbol{r}) = v_{ee}(\boldsymbol{r}_1) + v_{ee}(\boldsymbol{r}_2) + \cdots + v_{ee}(\boldsymbol{r}_n) \tag{2.12}$$

平均場近似を導入することで,(2.13)式に示すように,電子 i が

関わるすべてのエネルギーは，電子 i の座標 $\bm{r}_i$ だけを使って表すことができるようになる．この 1 電子の座標だけで表されるハミルトン演算子を一電子ハミルトン演算子（one-electron Hamiltonian）とよび，$\hat{\mathrm{h}}(\bm{r}_i)$ と表記する．

$$\hat{\mathrm{h}}(\bm{r}_i) = T_{\mathrm{e}}(\bm{r}_i) + V_{\mathrm{eN}}(\bm{r}_i) + v_{\mathrm{ee}}(\bm{r}_i) \tag{2.13}$$

ボルン・オッペンハイマー近似の下でのハミルトン演算子と波動関数はそれぞれ $\hat{\mathrm{H}}(\bm{r};\bm{R}')$，$\varPsi(\bm{r};\bm{R}')$ と表記されるが，以後は $\bm{R}'$ を省略して，それぞれ $\hat{\mathrm{H}}(\bm{r})$，$\varPsi(\bm{r})$ と略記する．平均場近似の下では，多電子ハミルトン演算子 $\hat{\mathrm{H}}(\bm{r})$ は (2.14) 式のように，各電子に関する一電子ハミルトン演算子の和として表すことができる．

$$\hat{\mathrm{H}}(\bm{r}) = \hat{\mathrm{h}}(\bm{r}_1) + \hat{\mathrm{h}}(\bm{r}_2) + \cdots + \hat{\mathrm{h}}(\bm{r}_n) \tag{2.14}$$

このように平均場近似を取り入れることで，多電子問題が一電子問題に帰着した．一電子ハミルトン演算子 $\hat{\mathrm{h}}(\bm{r}_i)$ に関する固有値方程式を (2.15) 式に示すが，固有関数 $\phi(\bm{r}_i)$ を一電子軌道，あるいは分子軌道，固有値 ε_k を軌道エネルギー（orbital energy）とよぶ．

$$\hat{\mathrm{h}}(\bm{r}_i)\phi_k(\bm{r}_i) = \varepsilon_k \phi_k(\bm{r}_i) \tag{2.15}$$

分子軌道は，古典的な軌道のように定まった曲線を描くものではなく，1 つの電子の存在確率分布を与えるものである．

(2.15) 式の近似解を求める方法の一つが分子軌道法である．分子軌道も個々の原子の周辺では原子の軌道に近いであろうと考えて，分子軌道 ϕ_i を原子軌道 χ_k の一次結合で表す方法が LCAO（linear combination of atomic orbital）近似である．

$$\phi = \sum_{k=1}^{m} c_k \chi_k \tag{2.16}$$

(2.15) 式の両辺に左から ϕ の複素共役 ϕ^* を乗じて,全空間で積分した後に (2.16) 式を代入することで,軌道エネルギー ε を表す (2.17) 式を導くことができる.波動関数は一般に複素数なので,実数で考えるために,このように複素共役を掛けている.

$$\varepsilon = \frac{\int \phi^* \hat{h} \phi \, d\tau}{\int \phi^* \phi \, d\tau} = \frac{\sum_{i,j} c_i^* c_j \int \chi_i^* \hat{h} \chi_j \, d\tau}{\sum_{i,j} c_i^* c_j \int \chi_i^* \chi_j \, d\tau} \qquad (2.17)$$

すなわち,軌道エネルギーは原子軌道の係数 $c_1, c_2, c_3, \cdots c_m$ によって表される.変分原理に基づいて,原子軌道の係数を求める近似方法を変分法(vibrational method)という.変分原理とは,「電子の基底状態に対する任意の近似波動関数に対して,そのエネルギー期待値が真の基底状態のエネルギーを下回ることはない」というものである.すなわち,(2.17) 式で計算される一電子軌道のエネルギー期待値が最小になるような波動関数を求めれば,それが最も真に近い波動関数であることを示している.LCAO 近似では,変分法に従ってエネルギー期待値が極小値をとるように原子軌道の係数を決める.すなわち,(2.18) 式の条件を満たすように原子軌道の係数 $c_1, c_2, c_3, \cdots, c_m$ の組合せを求め,得られた原子軌道の係数を (2.16) 式に代入することで分子軌道 ϕ が求まる.

$$\frac{\partial \varepsilon}{\partial c_1} = \frac{\partial \varepsilon}{\partial c_2} = \cdots = 0 \qquad (2.18)$$

2.3 π分子軌道

最も簡単なπ電子系分子であるエチレンのπ分子軌道について考える.エチレンの電子状態はオレフィンのトランス–シス光異性化反応を理解するために不可欠である.エチレンの2つの炭素原子は

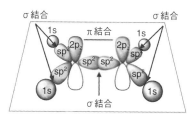

図 2.3　エチレンの分子軌道の組み立て

sp^2 混成軌道をとり，すべての原子は平面内にある（図 2.3）．また，炭素原子と隣接する 3 原子がつくる結合角はすべて約 120° になっている．sp^2 混成軌道にはそれぞれ 1 つの電子（不対電子）があり，そのうちの 2 つの電子が水素原子の 1s 軌道と結合電子対を形成することで C–H 間に σ 結合ができる．また，残りの 1 つの不対電子が，もう一方の炭素原子の不対電子と結合電子対を形成することで C–C 間に σ 結合ができる．sp^2 混成軌道に関与していない炭素原子の $2p_z$ 軌道は，分子面と垂直な方向を向いている．$2p_z$ 軌道どうしは，π 型の結合電子対を形成することで C–C 間に π 結合を形成する．このように，二重結合をもった π 共役炭化水素では多くの場合，すべての原子が同一平面内に位置し，その面内に σ 結合，面に垂直方向に π 結合ができる．σ 結合の形成に関わる 1s 軌道，sp^2 混成軌道と，π 結合の形成に関わる $2p_z$ 軌道は空間的な対称性が異なるため，互いに独立であると仮定して，これらを別々に取り扱うことができる．$2p_z$ 軌道だけを取り出し，π 結合だけ考える方法を π 電子近似（π-electron approximation）という．

エチレンの π 分子軌道 ϕ はおのおのの炭素原子の $2p_z$ 軌道 χ_1 と χ_2 の一次結合で表す（LCAO 近似）．

$$\phi = c_1\chi_1 + c_2\chi_2 \tag{2.19}$$

変分法を用いて，(2.20) 式の一電子ハミルトン演算子 $\hat{h}$ に関する固有値方程式を解き，原子軌道の係数 c_1, c_2 を求める．

$$\hat{h}\phi = \varepsilon\phi \tag{2.20}$$

最初に，(2.20) 式の両辺に左から ϕ^* を掛けて全空間で積分する．

$$\int \phi^*\hat{h}\phi\,\mathrm{d}\tau = \int \phi^*\varepsilon\phi\,\mathrm{d}\tau \tag{2.21}$$

右辺のエネルギー ε は定数なので，積分の前に出すことで，(2.22) 式のように変形することができる．

$$\varepsilon = \frac{\int \phi^*\hat{h}\phi\,\mathrm{d}\tau}{\int \phi^*\phi\,\mathrm{d}\tau} \tag{2.22}$$

この式に，(2.19) 式に示した LCAO 近似で表した ϕ を代入すると，

$$\begin{aligned}\varepsilon &= \frac{\int (c_1\chi_1 + c_2\chi_2)^*\hat{h}(c_1\chi_1 + c_2\chi_2)\,\mathrm{d}\tau}{\int (c_1\chi_1 + c_2\chi_2)^*(c_1\chi_1 + c_2\chi_2)\,\mathrm{d}\tau}\\ &= \frac{c_1{}^2\!\int \chi_1\hat{h}\chi_1\,\mathrm{d}\tau + 2c_1c_2\!\int \chi_1\hat{h}\chi_2\,\mathrm{d}\tau + c_2{}^2\!\int \chi_2\hat{h}\chi_2\,\mathrm{d}\tau}{c_1{}^2\!\int \chi_1{}^2\,\mathrm{d}\tau + 2c_1c_2\!\int \chi_1\chi_2\,\mathrm{d}\tau + c_2{}^2\!\int \chi_2{}^2\,\mathrm{d}\tau}\end{aligned} \tag{2.23}$$

ここでは，χ_1 と χ_2 は実数関数として扱っている．χ_1 と χ_2 は規格化され，(2.24) 式が成立しているものとする．

$$\int \chi_1{}^2\,\mathrm{d}\tau = \int \chi_2{}^2\,\mathrm{d}\tau = 1 \tag{2.24}$$

(2.23) 式の分母の $\int \chi_1\chi_2\,\mathrm{d}\tau$ は 2 つの原子軌道の重なり度合いを表しており，重なり積分 (overlap integral) という．

$$S_{12} = \int \chi_1\chi_2\,\mathrm{d}\tau \qquad (\text{重なり積分}) \tag{2.25}$$

隣接する原子軌道間の重なり積分は，結合距離や結合軸に対する回転角に依存する．p_z 軌道間の重なり積分は結合距離が伸びるとともに，単調に減少して無限遠距離でゼロになる．また，p_z 軌道間の重なり積分は結合軸に対して回転すると，単調に減少して完全に直交したときにゼロになる．(2.23) 式の分子にある $\int \chi_1 \hat{h} \chi_1 \, d\tau$ と $\int \chi_2 \hat{h} \chi_2 \, d\tau$ はクーロン積分（Coulomb integral）といい，原子軌道のエネルギー，つまり結合していない炭素原子の $2p_z$ 軌道のエネルギーを表しており，記号 H を用いて以下のように表す．炭素原子の $2p_z$ 軌道のクーロン積分は α（必ず負の値）で表す．

$$H_{ii} = \int \chi_i \hat{h} \chi_i \, d\tau = \alpha \qquad (\text{クーロン積分}) \tag{2.26}$$

一方，$\int \chi_1 \hat{h} \chi_2 \, d\tau$ は，2 つの $2p_z$ 軌道が重なって π 結合ができたときに安定化されたエネルギーの目安を与える積分であり，共鳴積分（resonance integral）といい，(2.27) 式のように表す．炭素原子の隣接する $2p_z$ 軌道の共鳴積分は β（必ず負の値）で表す．

$$H_{ij} = \int \chi_i \hat{h} \chi_j \, d\tau = \beta \qquad (\text{共鳴積分}) \tag{2.27}$$

したがって，(2.23) 式は以下のように表記される．

$$\varepsilon = \frac{c_1^2 H_{11} + 2c_1 c_2 H_{12} + c_2^2 H_{22}}{c_1^2 S_{11} + 2c_1 c_2 S_{12} + c_2^2 S_{22}} \tag{2.28}$$

この式を変形すると (2.29) 式が得られる．

$$(H_{11} - \varepsilon S_{11})c_1^2 + 2(H_{12} - \varepsilon S_{12})c_1 c_2 + (H_{22} - \varepsilon S_{22})c_2^2 = 0 \tag{2.29}$$

(2.28) 式からわかるように，エネルギー期待値 ε は原子軌道の係数 c_1，c_2 の関数になっているので，(2.29) 式で c_1，c_2 を変数とみなし，(2.18) 式で示したエネルギー期待値が極小値をとる条件を考える（変分法）．

$$\frac{\partial \varepsilon}{\partial c_1} = \frac{\partial \varepsilon}{\partial c_2} = 0 \tag{2.30}$$

エネルギー ε を c_1 および c_2 で偏微分することで,以下の連立方程式が導かれる.

$$(H_{11}-\varepsilon S_{11})c_1 + (H_{12}-\varepsilon S_{12})c_2 = 0 \tag{2.31}$$

$$(H_{12}-\varepsilon S_{12})c_1 + (H_{22}-\varepsilon S_{22})c_2 = 0 \tag{2.32}$$

この連立方程式を行列形式で記すと以下のようになるが,左辺の行列に逆行列が存在すると,その逆行列を両辺に左から掛けることで $c_1 = c_2 = 0$ となり,(2.19) 式より ϕ はゼロになって電子の存在が消えてしまうので意味がない.

$$\begin{pmatrix} H_{11}-\varepsilon S_{11} & H_{12}-\varepsilon S_{12} \\ H_{12}-\varepsilon S_{12} & H_{22}-\varepsilon S_{22} \end{pmatrix} \begin{pmatrix} c_1 \\ c_2 \end{pmatrix} = \begin{pmatrix} 0 \\ 0 \end{pmatrix} \tag{2.33}$$

そこで,$c_1 = c_2 = 0$ 以外の解が得られるためには,左辺の行列に逆行列が存在しない条件,つまり,行列式がゼロでなければならない.

$$\begin{vmatrix} H_{11}-\varepsilon S_{11} & H_{12}-\varepsilon S_{12} \\ H_{12}-\varepsilon S_{12} & H_{22}-\varepsilon S_{22} \end{vmatrix} = 0 \tag{2.34}$$

(2.34) 式を永年方程式(secular equation)といい,この方程式が ε に関する二次方程式になることから,エネルギーとして2つの値が得られることになる.ここで,$S_{11}=S_{22}=1$,$S_{12}=S$,$H_{11}=H_{22}=\alpha$,$H_{12}=\beta$ を用いて (2.34) 式を書き直すと次式になる.

$$\begin{vmatrix} \alpha-\varepsilon & \beta-\varepsilon S \\ \beta-\varepsilon S & \alpha-\varepsilon \end{vmatrix} = 0 \tag{2.35}$$

すなわち,$(\alpha-\varepsilon)^2 - (\beta-\varepsilon S)^2 = 0$ より,2つの解が得られる.

$$\varepsilon_1 = \frac{\alpha+\beta}{1+S}, \quad \varepsilon_2 = \frac{\alpha-\beta}{1-S} \tag{2.36}$$

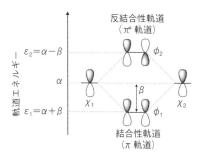

図2.4 エチレンのπ分子軌道

α と β はともに負の値なので，$\varepsilon_1 < \varepsilon_2$ である．それぞれのエネルギーに対応する ϕ_1 と ϕ_2 を求めるためには ε の値を (2.33) 式に代入して c_1, c_2 を求めればよい．しかし，c_1 と c_2 の比は決まるものの，値を定めるためには条件が不足する．c_1 と c_2 の値を決めるために必要なのが，(2.37) 式に示す ϕ に関する規格化条件である．

$$\int \phi^2 \, d\tau = \int (c_1\chi_1 + c_2\chi_2)^2 \, d\tau = c_1^2 + 2c_1c_2 S_{12} + c_2^2 = 1 \quad (2.37)$$

規格化条件を用いることで，ε_1 および ε_2 に対応する ϕ_1 と ϕ_2 を求めることができる．

$$\phi_1 = \frac{1}{\sqrt{2(1+S)}}(\chi_1+\chi_2), \quad \phi_2 = \frac{1}{\sqrt{2(1-S)}}(\chi_1-\chi_2) \quad (2.38)$$

重なり積分 S_{12} をゼロとするヒュッケル（Hückel）近似では，軌道エネルギーと分子軌道は以下のようになる（図2.4）．

$$\varepsilon_1 = \alpha + \beta, \quad \phi_1 = \frac{1}{\sqrt{2}}(\chi_1+\chi_2) \quad (2.39)$$

$$\varepsilon_2 = \alpha - \beta, \quad \phi_2 = \frac{1}{\sqrt{2}}(\chi_1-\chi_2) \quad (2.40)$$

2.4 π分子軌道の特徴

 分子軌道にはパウリ（Pauli）の原理に従って，エネルギーの低い軌道から順に電子が配置される．1つの分子軌道には，上向き方向のスピンを表すαスピンの電子と，下向き方向のスピンを表すβスピンの電子が対になって収容される．電子が占められている分子軌道を被占軌道（occupied orbital）といい，電子が占められていない分子軌道を空軌道（unoccupied orbital）という．エネルギーが最も高い被占軌道を最高被占軌道（highest occupied molecular orbital：HOMO），エネルギーが最も低い空軌道を最低空軌道（lowest unoccupied molecular orbital：LUMO）という．HOMO と LUMO は，分子の反応性や光化学反応を理解するうえで重要になる．エチレンのπ分子軌道では，ϕ_1 が HOMO，ϕ_2 が LUMO になる．また，ϕ_1 は原子軌道 χ_1 および χ_2 の係数が同符号であり，2つの原子軌道が強め合うように重なった分子軌道であることから結合性軌道（bonding orbital）という．結合性軌道に電子が入ると，核間の結合領域の電子密度が増大し，その結果，この軌道の電子は結合力をもたらす．一方，ϕ_2 はそれらの係数が異符号であり，2つの原子軌道が打ち消しあうように重なった分子軌道であることから反結合性軌道（antibonding orbital）という．反結合性軌道に電子が入ると，核間の結合領域の電子密度は原子軌道の場合より減少する．その結果，この軌道に電子が入ると原子核どうしは電子がないときよりも強く反発し，反結合力がもたらされる．

 ヒュッケル近似では，結合性軌道 ϕ_1 のエネルギーは $2p_z$ 軌道のエネルギー（α）より，共鳴積分に相当するエネルギー（β）だけ低く，逆に，反結合性軌道 ϕ_2 のエネルギーは β だけ高くなっている．すなわち，結合性軌道に電子対が入ることで，原子間にπ結合

が形成され，その結合エネルギー分だけ安定化することがわかる．エチレンでは，ϕ_1 に2電子入ることで2βのエネルギー安定化が得られる．原子軌道の重なりを通して，電子がχ_1とχ_2を行き来することができるが，共鳴積分βは電子が非局在化することによって得られる安定化のエネルギーと考えることができる．つまり，βは重なり積分S_{12}と強い関係があり，S_{12}が減少するとβも減少することが予想できる．C＝C結合軸に対して回転すると，S_{12}は減少するので，それに伴いβも減少し，HOMO準位の上昇とLUMO準位の低下が起こる．この知見は分子を設計するうえで重要である．一方で，エチレン，ブタジエン，ヘキサトリエンと二重結合の数が増え，π共役長が伸びるにつれてHOMO準位が上昇，LUMO準位が低下し，HOMO-LUMOギャップは減少する（図2.5）．HOMO-

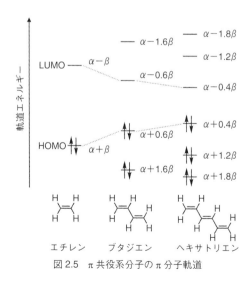

図2.5　π共役系分子のπ分子軌道

LUMOギャップの減少は吸収スペクトルの長波長シフトをもたらすが，π共役長の伸長だけでなく，二重結合をねじることでもβが減少するために吸収スペクトルの長波長シフトがみられる [38]．高井淳朗らは，図2.6に示す9,9′-ビフルオレニリデンの中央の二重結合のねじれ（二面角）が増大することで，HOMO–LUMOギャップが減少し，吸収極大波長（λ_{max}）が長波長シフトすることを示した [38d]．ただし，π共役長の伸長による吸収スペクトルの長波長シフトには吸光係数の増大を伴うが，二重結合のねじれによる吸収スペクトルの長波長シフトには吸光係数の減少を伴う．これは，二重結合がねじれることで，HOMOとLUMOの軌道の重なりが減少

コラム 3

ハミルトン演算子

古典物理学において，ハミルトン関数$H(\boldsymbol{p}, \boldsymbol{r})$は全エネルギーを運動エネルギーとポテンシャルエネルギーの和として表したものである．

$$H(\boldsymbol{p}, \boldsymbol{r}) = \frac{1}{2}mv^2 + V(\boldsymbol{r}) = \frac{(mv)^2}{2m} + V(\boldsymbol{r}) = \frac{\boldsymbol{p}^2}{2m} + V(\boldsymbol{r})$$

すなわち，ハミルトン関数は運動量$\boldsymbol{p}$と座標$\boldsymbol{r}$の関数である．量子論では，観測可能な物理量をそれに対応する演算子で置き換える．そのために，運動量演算子$\hat{\boldsymbol{p}}$を導入する．運動量演算子は各座標方向の成分の偏微分で与えられる．

$$\hat{p}_x = -i\hbar\frac{\partial}{\partial x} \qquad \hat{p}_y = -i\hbar\frac{\partial}{\partial y} \qquad \hat{p}_z = -i\hbar\frac{\partial}{\partial z}$$

$\boldsymbol{p}^2 = p_x^2 + p_y^2 + p_z^2$を運動量演算子に書き換えると，以下のようになる．

するためである．

二面角：42°　　　二面角：50°　　　二面角：56°
λ_{max}：458 nm　　λ_{max}：470 nm　　λ_{max}：485 nm

図2.6　9,9'-ビフルオレニリデン誘導体の吸収極大波長

$$\hat{\mathbf{p}}^2 = \hat{p}_x^2 + \hat{p}_y^2 + \hat{p}_z^2 = \left(-i\hbar\frac{\partial}{\partial x}\right)^2 + \left(-i\hbar\frac{\partial}{\partial y}\right)^2 + \left(-i\hbar\frac{\partial}{\partial z}\right)^2$$
$$= -\hbar^2\left(\frac{\partial^2}{\partial x^2} + \frac{\partial^2}{\partial y^2} + \frac{\partial^2}{\partial z^2}\right)$$

したがって，ハミルトン関数は以下のような演算子に置き換えられる．

$$\hat{H} = -\frac{\hbar^2}{2m}\left(\frac{\partial^2}{\partial x^2} + \frac{\partial^2}{\partial y^2} + \frac{\partial^2}{\partial z^2}\right) + V(x,y,z) = -\frac{\hbar^2}{2m}\Delta + V(x,y,z)$$

これを，ハミルトン演算子またはハミルトニアンという．ここで，以下のΔ（ラプラス演算子またはラプラシアン）を導入した．

$$\Delta = \frac{\partial^2}{\partial x^2} + \frac{\partial^2}{\partial y^2} + \frac{\partial^2}{\partial z^2}$$

したがって，ポテンシャル$V(x,y,z)$を受けて運動する電子のシュレディン

ガー方程式は以下のようになる.

$$\left[-\frac{\hbar^2}{2m}\Delta + V(x,y,z)\right]\Psi(x,y,z) = E\Psi(x,y,z)$$

また,電子の質量を m,原子核の質量を M とすると,水素分子のハミルトン演算子は以下のようになる(図も参照).

$$\begin{aligned}\hat{H} = &\left(-\frac{\hbar^2}{2M_A}\Delta_A - \frac{\hbar^2}{2M_B}\Delta_B\right) + \left(-\frac{\hbar^2}{2m_1}\Delta_1 - \frac{\hbar^2}{2m_2}\Delta_2\right) \\ &+ \left(-\frac{e^2}{4\pi\varepsilon_0 r_{A1}} - \frac{e^2}{4\pi\varepsilon_0 r_{A2}} - \frac{e^2}{4\pi\varepsilon_0 r_{B1}} - \frac{e^2}{4\pi\varepsilon_0 r_{B2}}\right) \\ &+ \left(\frac{e^2}{4\pi\varepsilon_0 r_{12}}\right) + \left(\frac{e^2}{4\pi\varepsilon_0 r_{AB}}\right)\end{aligned}$$

1番目の括弧は原子核の運動エネルギー T_N,2番目の括弧は電子の運動エネル

コラム 4

LCAO法を行列形式で解く

LCAO法では,分子軌道を原子軌道の一次結合で表し,変分法を用いて原子軌道の係数を決める.2.3節では変分条件から得られた原子軌道の係数に関する連立方程式である(2.33)式が $c_1=c_2=0$ 以外の解をもつ条件として(2.34)式の永年方程式を得た.この永年方程式はエネルギー ε に関する二次方程式になり,これを解くことで,分子軌道 ϕ_1 と ϕ_2 に対する軌道エネルギーとして ε_1 と ε_2 が得られた.さらに,これらの値を(2.33)式に代入することで,原子軌道の係数が求められた.

ここでは,行列を使って原子軌道の係数と軌道エネルギーを求める方法を説明する.ϕ_1 と ϕ_2 は以下のように,原子軌道の一次結合で表されるとする.

ギー T_e, 3番目の括弧は電子と原子核のクーロン静電引力によるポテンシャルエネルギー V_{eN}, 4番目の括弧は電子間のクーロン静電反発によるポテンシャルエネルギー V_{ee}, 5番目の括弧は原子核間のクーロン静電反発によるポテンシャルエネルギー V_{NN} を表している.

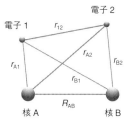

図 水素分子の構成成分と変数の定義

$$\phi_1 = c_{11}\chi_1 + c_{21}\chi_2$$
$$\phi_2 = c_{12}\chi_1 + c_{22}\chi_2$$

まず, ϕ_1 に関して (2.33) 式と同様な式が成立するので,

$$\begin{pmatrix} H_{11} - \varepsilon_1 S_{11} & H_{12} - \varepsilon_1 S_{12} \\ H_{12} - \varepsilon_1 S_{21} & H_{22} - \varepsilon_1 S_{22} \end{pmatrix} \begin{pmatrix} c_{11} \\ c_{21} \end{pmatrix} = \begin{pmatrix} 0 \\ 0 \end{pmatrix}$$

この式は次のように変形できる.

$$\begin{pmatrix} H_{11} & H_{12} \\ H_{12} & H_{22} \end{pmatrix} \begin{pmatrix} c_{11} \\ c_{21} \end{pmatrix} = \varepsilon_1 \begin{pmatrix} S_{11} & S_{12} \\ S_{21} & S_{22} \end{pmatrix} \begin{pmatrix} c_{11} \\ c_{21} \end{pmatrix}$$

同様に, ϕ_2 に関しては以下の式が得られる.

$$\begin{pmatrix} H_{11} & H_{12} \\ H_{12} & H_{22} \end{pmatrix} \begin{pmatrix} c_{12} \\ c_{22} \end{pmatrix} = \varepsilon_2 \begin{pmatrix} S_{11} & S_{12} \\ S_{21} & S_{22} \end{pmatrix} \begin{pmatrix} c_{12} \\ c_{22} \end{pmatrix}$$

行列に関する多少の知識を必要とするが,これらの2つの式を1つの式にまとめると以下のようになる [1-3].

$$\begin{pmatrix} H_{11} & H_{12} \\ H_{12} & H_{22} \end{pmatrix} \begin{pmatrix} c_{11} & c_{12} \\ c_{21} & c_{22} \end{pmatrix} = \begin{pmatrix} S_{11} & S_{12} \\ S_{21} & S_{22} \end{pmatrix} \begin{pmatrix} c_{11} & c_{12} \\ c_{21} & c_{22} \end{pmatrix} \begin{pmatrix} \varepsilon_1 & 0 \\ 0 & \varepsilon_2 \end{pmatrix}$$

すなわち,この式は次式のように表される.

HC = SCE

H, **C**, **S**, **E** は以下の行列である.

$$\mathbf{H} = \begin{pmatrix} H_{11} & H_{12} \\ H_{12} & H_{22} \end{pmatrix}, \quad \mathbf{C} = \begin{pmatrix} c_{11} & c_{12} \\ c_{21} & c_{22} \end{pmatrix}, \quad \mathbf{S} = \begin{pmatrix} S_{11} & S_{12} \\ S_{21} & S_{22} \end{pmatrix}, \quad \mathbf{E} = \begin{pmatrix} \varepsilon_1 & 0 \\ 0 & \varepsilon_2 \end{pmatrix}$$

H は,(2.26) 式のクーロン積分 H_{ii} を対角成分に,(2.27) 式の共鳴積分 H_{ij} を非対角成分にもつ行列で,ハミルトニアン行列(Hamiltonian matrix)という.**C** は係数行列で,各列がそれぞれの分子軌道の係数に対応する.すなわち,1

列目は軌道エネルギー ε_1 に対応する ϕ_1 の，2列目は軌道エネルギー ε_2 に対応する ϕ_2 の原子軌道の係数である．**E** は軌道エネルギーを対角成分にもつ対角行列で，固有値行列という．**S** は原子軌道間の重なり積分を成分にもつ重なり行列である．異なる原子軌道間の重なり積分 S_{12}，S_{21} をゼロとするヒュッケル近似では，**S** は対角成分が1の単位行列となる．したがって，

 HC ＝ CE

となる．上式の両辺に右側から **C** の逆行列 **C**$^{-1}$ を掛けると

 H ＝ CEC^{-1}

となる．この式は行列の対角化の定義より，ハミルトニアン行列 **H** を対角化すると，分子軌道を与える係数行列 **C** と軌道エネルギーを与える固有値行列 **E** が同時に得られることを意味している．

[1] E. G. Lewars："Computational Chemistry", pp.140–150, Springer (2016).
[2] J. P. Lowe："Quantum Chemistry", pp.315–321, Elsevier (2006).
[3] J. Litofsky, R. Viswanathan：*J. Chem. Educ*., **92**, 291 (2015).

第3章

電子励起状態

3.1 ハートリー積とスレーター行列式

電子は空間座標 $\boldsymbol{r}=(x,y,z)$ のほかに,スピン座標 σ をもっている. スピン座標 σ は $+1/2$ か $-1/2$ の2つの値しか取りえないものである. スピンの状態(上向き,下向き)を記述するために,スピン座標 σ の関数である2つの規格直交したスピン関数 $\alpha(\sigma)$ と $\beta(\sigma)$ を導入する. すなわち,スピン関数は以下の性質をもっている.

$$\int \alpha^*(\sigma)\alpha(\sigma)\,\mathrm{d}\sigma = \int \beta^*(\sigma)\beta(\sigma)\,\mathrm{d}\sigma = 1 \tag{3.1}$$

$$\int \alpha^*(\sigma)\beta(\sigma)\,\mathrm{d}\sigma = \int \beta^*(\sigma)\alpha(\sigma)\,\mathrm{d}\sigma = 0 \tag{3.2}$$

また,空間座標 $\boldsymbol{r}$ とスピン座標 σ をまとめて τ と表記する. したがって,一電子波動関数 $\varphi(\tau)$ は,空間部分 $\phi(\boldsymbol{r})$ とスピン部分 $\alpha(\sigma)$ あるいは $\beta(\sigma)$ の積で表される. 以後,場合によっては,一電子波動関数の空間部分 $\phi(\boldsymbol{r})$ を軌道 (orbital) とよび,それにスピン関数 $\alpha(\sigma)$ または $\beta(\sigma)$ を掛けた $\varphi(\tau)$ をスピン軌道 (spin orbital) とよぶことにする. また,以下に記すように,ϕ の頭にバーをつけた $\bar{\phi}$ は,β スピンの電子が収容されている軌道を表すことにする.

$$\varphi(\tau) = \phi(\boldsymbol{r})\alpha(\sigma) \equiv \phi(\tau) \tag{3.3}$$

$$\varphi(\tau) = \phi(\boldsymbol{r})\beta(\sigma) \equiv \bar{\phi}(\tau) \tag{3.4}$$

分子の全電子波動関数 $\Psi(\boldsymbol{r})$ は,多電子ハミルトン演算子 $\hat{H}(\boldsymbol{r})$ に対する固有値方程式の固有関数として得られる多電子波動関数である.第2章では,$\hat{H}(\boldsymbol{r})$ に対する固有値方程式を解くことは困難であるため,独立電子近似に基づいて,次の手順に従って一電子軌道である分子軌道を求めた.

(1) おのおのの電子は,他のすべての電子がつくる平均的な場の中に存在すると考える平均場近似(mean field approximation)を用いて (2.14) 式のように,$\hat{H}(\boldsymbol{r})$ を一電子ハミルトン演算子 $\hat{h}(\boldsymbol{r}_i)$ の和として表す.

(2) (2.15) 式で示した $\hat{h}(\boldsymbol{r}_i)$ に対する固有値方程式を解き,分子軌道 $\phi(\boldsymbol{r}_i)$ を求める.

1電子の座標だけを変数とする一電子軌道である分子軌道 $\phi(\boldsymbol{r}_i)$ は,すべての電子座標を変数とする全電子波動関数 $\Psi(\boldsymbol{r})$ とは異なるものであるが,反応性や光の吸収波長などの分子の性質を反映するものとして現代化学に不可欠なツールとなっている.分子には多くのエネルギー準位が存在し,それに対応する多くの $\phi(\boldsymbol{r}_i)$ が存在する.$\phi(\boldsymbol{r}_i)$ に電子が占有される仕方を電子配置(electron configuration)という.電子配置が決まると,$\phi(\boldsymbol{r}_i)$ を用いて $\Psi(\boldsymbol{r})$ を数式で表現することができる.

まず,一電子軌道を用いて,二電子波動関数を記述する方法について説明する.ここで,図 3.1(a) に示される軌道 ϕ_1 に α スピンの電子と β スピンの電子が対になって収容される電子配置を考える.空間座標 $\boldsymbol{r}_1$,スピン座標 σ_1 の電子 1 が,ϕ_1 に α スピンの状態

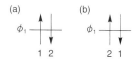

図 3.1 (a) 電子配置 1, (b) 電子配置 2

で存在している状態は $\phi_1(\boldsymbol{r}_1)\alpha(\sigma_1) \equiv \phi_1(\tau_1)$ と表すことができる. 電子 1 が ϕ_1 に α スピンの状態で存在し, なおかつ, 電子 2 が ϕ_1 に β スピンの状態で存在している確率は, 条件付き確率の考え方を用いると, $\phi_1(\tau_1) \times \bar{\phi}_1(\tau_2)$ と表すことができる. すなわち, 図 3.1(a) に示される電子配置は (3.5) 式のようになる.

$$\Psi_1(\tau_1, \tau_2) = \phi_1(\tau_1)\bar{\phi}_1(\tau_2) \tag{3.5}$$

このように, 全電子波動関数を分子軌道の積で表したものをハートリー積という. ハートリー積では 2 つの電子を区別していること, および, 電子波動関数に要請される反対称性を満たしていない, という問題がある. 反対称性とは 2 つの電子の座標を交換したときに, 電子波動関数の符号が入れ替わる性質をいう. そこで, 電子が区別できないことを考えると, 図 3.1(b) の電子配置も考慮しなければならない. この電子配置は (3.6) 式のようなハートリー積で表される.

$$\Psi_2(\tau_1, \tau_2) = \phi_1(\tau_2)\bar{\phi}_1(\tau_1) \tag{3.6}$$

$\Psi_1(\tau_1, \tau_2)$ と $\Psi_2(\tau_1, \tau_2)$ はともに, ϕ_1 に 2 つの電子が反平行スピンで入っている状態を表している. 量子力学には, 「Ψ_1 と Ψ_2 が系の状態ならば, $c_1\Psi_1 \pm c_2\Psi_2$ も系の状態である」という重ね合わせの原理がある. すなわち, $\Psi_1(\tau_1, \tau_2) \pm \Psi_2(\tau_1, \tau_2)$ も系の状態と考えることができる. 2 つのうちで, 反対称性を満足するものは (3.7)

式である.

$$\Psi(\tau_1, \tau_2) = \frac{1}{\sqrt{2}} \{\phi_1(\tau_1)\bar{\phi}_1(\tau_2) - \phi_1(\tau_2)\bar{\phi}_1(\tau_1)\} \tag{3.7}$$

$1/\sqrt{2}$ は $\Psi(\tau_1, \tau_2)$ を規格化するための規格化定数である. 実際に τ_1 と τ_2 を交換すると (3.8) 式が成り立ち, $\Psi(\tau_1, \tau_2)$ が反対称性を満足していることがわかる.

$$\Psi(\tau_1, \tau_2) = -\Psi(\tau_2, \tau_1) \tag{3.8}$$

さらに, (3.7) 式は (3.9) 式のように行列式のかたちで書くことができる.

$$\Psi(\tau_1, \tau_2) = \frac{1}{\sqrt{2}} \begin{vmatrix} \phi_1(\tau_1) & \phi_1(\tau_2) \\ \bar{\phi}_1(\tau_1) & \bar{\phi}_1(\tau_2) \end{vmatrix} \tag{3.9}$$

$2n$ 電子分子の場合, パウリの原理に従って, 図 3.2 に示すようにエネルギーの低い分子軌道 ϕ_1 から順に配置した基底電子配置に関しては, (3.10) 式のように書ける.

$$\Psi(\tau_1, \tau_2, \cdots, \tau_{2n}) = \frac{1}{\sqrt{(2n)!}} \begin{vmatrix} \phi_1(\tau_1) & \phi_1(\tau_2) & \cdots & \phi_1(\tau_{2n}) \\ \bar{\phi}_1(\tau_1) & \bar{\phi}_1(\tau_2) & \cdots & \bar{\phi}_1(\tau_{2n}) \\ \vdots & \vdots & \vdots & \vdots \\ \bar{\phi}_n(\tau_1) & \bar{\phi}_n(\tau_2) & \cdots & \bar{\phi}_n(\tau_{2n}) \end{vmatrix} \tag{3.10}$$

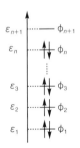

図 3.2　$2n$ 電子分子の基底電子配置

このような多電子波動関数を表す行列式をスレーター行列式という．電子配置に対応する関数を，配置状態関数（configuration state function：CSF）とよぶ．すなわち，配置状態関数は1つのスレーター行列式で表される．

3.2 電子励起状態の波動関数

分子軌道に電子を配置すると，その電子配置に対応する配置状態関数をスレーター行列式で表せる．一般に，電子基底状態の電子波動関数は，図3.2に示した基底電子配置の配置状態関数で表すことができる．一方で，エネルギーの高い電子配置（励起電子配置）としては，図3.3に示すような $\varPhi_1, \varPhi_2, \varPhi_3, \varPhi_4, \cdots$ を考えることができる．

電子励起状態の全電子波動関数 $\varPsi_e$ を，これらの励起電子配置に対応する配置状態関数の重ね合わせ（一次結合）で表す近似方法を配置間相互作用法（configuration interaction method：CI法）とい

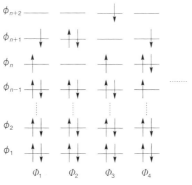

図3.3　さまざまな励起電子配置

う [36, 39, 40]．おのおのの配置状態関数は，スレーター行列式で表すことができるので，CI法とは電子励起状態の全電子波動関数 Ψ_e を，さまざまなスレーター行列式の一次結合で表すことである．

$$\Psi_e = c_1\Phi_1 + c_2\Phi_2 + c_3\Phi_3 + c_4\Phi_4 + \cdots = \sum_{i=1} c_i\Phi_i \tag{3.11}$$

配置状態関数の係数 $c_1, c_2, c_3, c_4, \cdots, c_i$ は，分子軌道法のときに原子軌道の係数を決めたように変分法を用いて決める．すなわち，電子波動関数 Ψ_e に対応するエネルギー期待値は (3.12) 式のようになるので，配置状態関数の係数はエネルギー期待値が極小値をとる条件から求めることができる．ただし，(3.12) 式におけるハミルトン演算子 $\hat{H}$ は一電子演算子ではなく，すべての電子の座標を含む多電子ハミルトン演算子であることに注意する．

$$E = \frac{\int \Psi_e^* \hat{H} \Psi_e \, d\tau}{\int \Psi_e^* \Psi_e \, d\tau} \tag{3.12}$$

最もエネルギーの低い E_1 が最低励起一重項状態（S_1 状態）のエネルギーであり，このエネルギーに対応する係数から S_1 状態の全電子波動関数 Ψ_1 が求まる．また，2番目にエネルギーの低い E_2 が第2励起一重項状態（S_2 状態）のエネルギーであり，このエネルギーに対応する係数から S_2 状態の全電子波動関数 Ψ_2 が求まる．すなわち，以下に示す固有値方程式が成立している．

$$\hat{H}(\boldsymbol{r})\Psi_1(\boldsymbol{r}) = E_1\Psi_1(\boldsymbol{r}) \tag{3.13}$$

$$\hat{H}(\boldsymbol{r})\Psi_2(\boldsymbol{r}) = E_2\Psi_2(\boldsymbol{r}) \tag{3.14}$$

このようにして，CI法を用いることで電子励起状態のエネルギーと電子波動関数を求めることができる．正確には，CI法は基底電子配置と励起電子配置のスレーター行列式の一次結合から，基底電

子状態の電子波動関数と励起電子状態の電子波動関数が求められる．

多くの π 共役分子の S_1 状態の電子波動関数 Ψ_1 は，図3.3の Φ_1 に関する係数 c_1 が最も大きな値となるため，$\Psi_1 \approx \Phi_1$ とみなすことができる．すなわち，多くの場合，S_1 状態の電子波動関数 Ψ_1 は HOMO から LUMO に一電子励起した状態として考えられる．多くの π 共役分子では，HOMO は結合性 π 軌道，LUMO は反結合性 π* 軌道（反結合性軌道は * を付ける）になっている．HOMO の電子がエネルギーを吸収して LUMO に遷移することを ππ* 遷移（ππ* transition）とよび，このような電子励起状態を ππ* 励起状態（ππ* excited state）という．

図3.4に示すように，代表的なフォトクロミック分子の一つであるアゾベンゼンの HOMO は窒素原子に局在した非結合性 n 軌道，HOMO－1 は結合性 π 軌道，LUMO は反結合性 π* 軌道である．π 軌道は分子面の上下方向に拡がっているが，n 軌道は分子面内に拡がっていることに注意する．π 軌道では N＝N 結合の p 軌道は同位相で相互作用していることから，この結合に関して結合性である．逆位相で相互作用している π* 軌道は反結合性である．また，n 軌道は結合形成には関与していないこともわかる．CI 法を用いた計

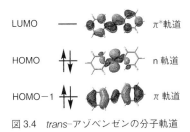

図3.4 *trans*-アゾベンゼンの分子軌道

算結果から,アゾベンゼンの S_1 状態の電子波動関数も $\Psi_1 \approx \Phi_1$ とみなすことができる.このように非結合性 n 軌道の電子が反結合性 π^* 軌道に遷移した電子励起状態は nπ^* 励起状態という.また,アゾベンゼンの S_2 状態の電子波動関数は $\Psi_2 \approx \Phi_4$ とみなすことができるので,S_2 状態は $\pi\pi^*$ 励起状態である.$\pi\pi^*$ 遷移は許容遷移で

コラム 5

ハートリー・フォック方程式

N 個の原子核と,n 個の電子からなる分子の電子ハミルトニアンは

$$\hat{H} = -\frac{\hbar^2}{2m}\sum_{i=1}^{n}\Delta_i - \sum_{i=1}^{n}\sum_{\alpha=1}^{N}\frac{Z_\alpha e^2}{4\pi\varepsilon_0 r_{i\alpha}} + \sum_{i=1}^{n}\sum_{j>i}^{n}\frac{e^2}{4\pi\varepsilon_0 r_{ij}}$$

で与えられる.第 1 項は電子の運動エネルギー,第 2 項は電子と原子核のクーロン静電引力によるポテンシャルエネルギー,第 3 項は電子間のクーロン静電反発によるポテンシャルエネルギーを表す.ここで,

$$\hat{H}(i) = -\frac{\hbar^2}{2m}\Delta_i - \sum_{\alpha=1}^{N}\frac{Z_\alpha e^2}{4\pi\varepsilon_0 r_{i\alpha}}$$

とすると,$\hat{H}$ は以下のように書ける.

$$\hat{H} = \sum_{i=1}^{n}\hat{H}(i) + \sum_{i=1}^{n}\sum_{j>i}^{n}\frac{e^2}{4\pi\varepsilon_0 r_{ij}}$$

全電子波動関数を一電子波動関数のスレーター行列式で表す.ここでは,一電子波動関数としてスピン軌道を用いる.

$$\psi(\tau_1, \tau_2, \cdots, \tau_n) = \frac{1}{\sqrt{n!}}\begin{vmatrix} \varphi_1(\tau_1) & \varphi_1(\tau_2) & \cdots & \varphi_1(\tau_n) \\ \varphi_2(\tau_1) & \varphi_2(\tau_2) & \cdots & \varphi_2(\tau_n) \\ \vdots & \vdots & \vdots & \vdots \\ \varphi_n(\tau_1) & \varphi_n(\tau_2) & \cdots & \varphi_n(\tau_n) \end{vmatrix}$$

あり，大きな吸光係数をもつ．一方で，n軌道とπ*軌道は空間的に直交しているため，nπ*遷移の遷移確率はほぼゼロになる．このように遷移確率が小さな電子遷移は禁制遷移（forbidden transition）とよばれており，その吸光係数も小さな値となる（図5.3参照）．

$\Psi(\tau_1, \tau_2, \cdots, \tau_n)$ が規格化されているとすると，全エネルギーは，

$$E = \int \Psi^* \hat{H} \Psi \, dv$$
$$= \sum_{i=1}^{n} \int \varphi_i{}^*(\tau_1) \hat{H}(i) \varphi_i(\tau_1) \, d\tau_1$$
$$+ \sum_{i=1}^{n} \sum_{j>i}^{n} \Big\{ \int \varphi_i{}^*(\tau_1) \varphi_j{}^*(\tau_2) \frac{e^2}{4\pi\varepsilon_0 r_{12}} \varphi_i(\tau_1) \varphi_j(\tau_2) \, d\tau_1 \, d\tau_2$$
$$- \int \varphi_i{}^*(\tau_1) \varphi_j{}^*(\tau_2) \frac{e^2}{4\pi\varepsilon_0 r_{12}} \varphi_i(\tau_2) \varphi_j(\tau_1) \, d\tau_1 \, d\tau_2 \Big\}$$

上式は，

$$H_i = \int \varphi_i{}^*(\tau_1) \hat{H}(i) \varphi_i(\tau_1) \, d\tau_1$$
$$J_{ij} = \int \varphi_i{}^*(\tau_1) \varphi_j{}^*(\tau_2) \frac{e^2}{4\pi\varepsilon_0 r_{12}} \varphi_i(\tau_1) \varphi_j(\tau_2) \, d\tau_1 \, d\tau_2$$
$$K_{ij} = \int \varphi_i{}^*(\tau_1) \varphi_j{}^*(\tau_2) \frac{e^2}{4\pi\varepsilon_0 r_{12}} \varphi_i(\tau_2) \varphi_j(\tau_1) \, d\tau_1 \, d\tau_2$$

を用いると，

$$E = \sum_{i=1}^{n} H_i + \frac{1}{2} \Big(\sum_{j \neq i}^{n} J_{ij} - \sum_{j(\neq i), \parallel}^{n} K_{ij} \Big)$$

と書ける．上式の $\sum$ につけた記号 $\parallel$ は，φ_j が φ_i と同じスピン状態にあるときのみ和をとることを意味している．

J_{ij} をクーロン積分という.クーロン積分は電子間のクーロン静電反発によるポテンシャルエネルギーを表しており,古典的にも理解することができる.K_{ij} で表される交換積分(exchange integral)は,古典論にはないもので,その物理的意味を直感的に理解することは難しい.交換積分は平行スピンの電子間だけにはたらく交換相互作用に起因するものである.交換相互作用は,電子がパウリの原理に従う,すなわち,電子波動関数が粒子の交換に対して反対称関数であるという事実から生じるものである.全電子波動関数を一電子波動関数のハートリー積で表した場合には,全エネルギーに交換積分は現れない.クーロン積分と交換積分はともに正の値をもつ.

コラム 6

スピン一重項状態とスピン三重項状態

電子励起状態はスピン状態の違いから,スピン一重項状態とスピン三重項状態が生じる.ここでは,図1に示す電子配置をもつ2電子系の励起状態について考えてみる.

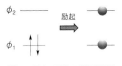

図1 励起状態の電子配置

3.1節で述べたように,空間部分 $\phi(r)$ とスピン部分 $\alpha(\sigma)$ あるいは $\beta(\sigma)$ に分けて考える.空間部分に関しては対称な波動関数と,反対称な波動関数の2通りが考えられる.

3.2 電子励起状態の波動関数

変分法を用いて,全エネルギーが極小値をとる条件として,以下の式が導かれる.この方程式は,n電子系の基底状態に対して,分子軌道φ_iを求めるための式で,ハートリー・フォック(Hartree–Fock)方程式とよばれる.ε_iは分子軌道φ_iの軌道エネルギーである.

$$\left\{\hat{H}(i) + \sum_{j(\neq i)}^{n} \int \frac{e^2|\varphi_j(\tau_j)|^2}{4\pi\varepsilon_0 r_{ij}}\,d\tau_j\right\}\varphi_i(\tau_i)$$
$$- \sum_{j(\neq i)}^{n}\left\{\int \frac{e^2\varphi_j^*(\tau_j)\varphi_i(\tau_j)}{4\pi\varepsilon_0 r_{ij}}\,d\tau_j\right\}\varphi_j(\tau_i) = \varepsilon_i\varphi_i(\tau_i)$$
$$i = 1, 2, 3, \cdots, n$$

対 称:$\dfrac{1}{\sqrt{2}}\{\phi_1(\boldsymbol{r}_1)\phi_2(\boldsymbol{r}_2) + \phi_2(\boldsymbol{r}_1)\phi_1(\boldsymbol{r}_2)\}$

反対称:$\dfrac{1}{\sqrt{2}}\{\phi_1(\boldsymbol{r}_1)\phi_2(\boldsymbol{r}_2) - \phi_2(\boldsymbol{r}_1)\phi_1(\boldsymbol{r}_2)\}$

スピン部分については,① 2つの電子がαスピン,② 2つの電子がβスピン,③ 電子1がαスピンで電子2がβスピン,④ 電子1がβスピンで電子2がαスピン,の4通りを考えることができる.それぞれのスピン関数は以下のように書ける.

① : $\alpha(\sigma_1)\alpha(\sigma_2)$

② : $\beta(\sigma_1)\beta(\sigma_2)$

③ : $\alpha(\sigma_1)\beta(\sigma_2)$

④ : $\beta(\sigma_1)\alpha(\sigma_2)$

③と④については区別できないので,空間部分の波動関数と同じように,それらの一次結合をとらなければならない.したがって,スピン部分に関して正し

い関数と対称性は以下のようになる.

対　称：$\alpha(\sigma_1)\alpha(\sigma_2)$

対　称：$\beta(\sigma_1)\beta(\sigma_2)$

対　称：$\dfrac{1}{\sqrt{2}}\{\alpha(\sigma_1)\beta(\sigma_2) + \beta(\sigma_1)\alpha(\sigma_2)\}$

反対称：$\dfrac{1}{\sqrt{2}}\{\alpha(\sigma_1)\beta(\sigma_2) - \beta(\sigma_1)\alpha(\sigma_2)\}$

次に，空間部分とスピン部分の積により，スピン軌道を求めるが，電子の波動関数は反対称関数でなければならないので，対称な空間軌道に対しては反対称なスピン関数，反対称な空間軌道に対しては対称なスピン関数と組み合わせなければならない．

(対称空間軌道×反対称スピン関数＝反対称スピン軌道)

$$\dfrac{1}{\sqrt{2}}\{\phi_1(\boldsymbol{r}_1)\phi_2(\boldsymbol{r}_2) + \phi_2(\boldsymbol{r}_1)\phi_1(\boldsymbol{r}_2)\}\dfrac{1}{\sqrt{2}}\{\alpha(\sigma_1)\beta(\sigma_2) - \beta(\sigma_1)\alpha(\sigma_2)\}$$

(反対称空間軌道×対称スピン関数＝反対称スピン軌道)

$$\dfrac{1}{\sqrt{2}}\{\phi_1(\boldsymbol{r}_1)\phi_2(\boldsymbol{r}_2) - \phi_2(\boldsymbol{r}_1)\phi_1(\boldsymbol{r}_2)\}\alpha(\sigma_1)\alpha(\sigma_2)$$

$$\dfrac{1}{\sqrt{2}}\{\phi_1(\boldsymbol{r}_1)\phi_2(\boldsymbol{r}_2) - \phi_2(\boldsymbol{r}_1)\phi_1(\boldsymbol{r}_2)\}\beta(\sigma_1)\beta(\sigma_2)$$

$$\dfrac{1}{\sqrt{2}}\{\phi_1(\boldsymbol{r}_1)\phi_2(\boldsymbol{r}_2) - \phi_2(\boldsymbol{r}_1)\phi_1(\boldsymbol{r}_2)\}\dfrac{1}{\sqrt{2}}\{\alpha(\sigma_1)\beta(\sigma_2) + \beta(\sigma_1)\alpha(\sigma_2)\}$$

波動関数のエネルギーは磁場が存在していない場合には，空間軌道によってのみ決まるので，（反対称空間軌道×対称スピン関数）によって得られた3つの状態は同じエネルギー（$H_1+H_2+J_{12}-K_{12}$）である．すなわち，エネルギー準位が3重に縮退（縮退）しているので，三重項状態（spin triplet state）という．一方，（対称空間軌道×反対称スピン関数）によって得られた一つの状態は一重項状態（spin singlet state）という．三重項状態では2つのスピン間に交換相互作用がはたらくため，一重項状態のエネルギー（$H_1+H_2+J_{12}$）と比べて，三重項状態のエネルギーは交換積分 K_{12} に相当する分だけ低くなる．一重項状態と三重項状態の2つのスピン状態は，図2に示すベクトルモデルで表される．図中，S は全スピン角運動量量子数，M_S は全スピン方位量子数である．

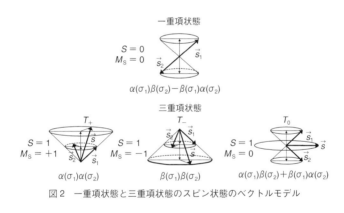

図2　一重項状態と三重項状態のスピン状態のベクトルモデル

第4章

電子励起状態を経由する光物理化学過程

4.1 電子励起状態のポテンシャルエネルギー曲線

　ボルン・オッペンハイマー近似の下で，特定の分子構造に関して固有値方程式を解くことで，電子波動関数 $\Psi_i^e(\boldsymbol{r};\boldsymbol{R}')$ と断熱ポテンシャル $E_i^e(\boldsymbol{R}')$ が得られる．すでに説明したように，原子間距離や角度などの分子内座標に対して $E_i^e(\boldsymbol{R}')$ をプロットすることで（断熱）ポテンシャルエネルギー（PE）曲線（曲面）が得られる．その際，電子基底状態だけでなく，電子励起状態 $\Psi_i^e(\boldsymbol{r};\boldsymbol{R}')$ についても同様に $E_i^e(\boldsymbol{R}')$ を求めることで，励起状態の PE 曲線を求めることができる．たとえば，図 4.1 には二原子分子の Ψ_1 から Ψ_3 までの PE 曲線を示してある．Ψ_1 のポテンシャルエネルギー曲線は断熱ポテンシャル $E_1(\boldsymbol{R}')$ の値をプロットしたものである．同様に励起状態である Ψ_2, Ψ_3 については，それぞれ $E_2(\boldsymbol{R}')$, $E_3(\boldsymbol{R}')$ の値をプロットしてある．

　PE 曲線は，分子の吸収スペクトルや発光スペクトル，光解離などの情報を与えることから，電子励起状態の PE 曲線（曲面）を求める研究は，量子化学の重要課題となっている．電子基底状態の分子が光エネルギーを吸収すると電子励起状態に遷移するが，フォトクロミック反応を含む光化学反応を理解するためには，電子励起状態の PE 曲面をどのようにエネルギー緩和して電子基底状態に戻る

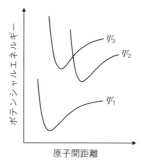

図 4.1　二原子分子の PE 曲線

かを知る必要がある．フェムト（10^{-15}）秒レーザーパルスを用いた超高速分光では，電子励起状態からの緩和過程（励起状態ダイナミクス）を観察することができ，フォトクロミック反応を研究するうえで重要な研究手段となっている．実際に，励起状態ダイナミクスを明らかにすることで，フォトクロミック分子の性能向上につながる分子設計に活用されている．

　図 4.1 を見ると異なる電子状態の PE 曲線が交差している部分があるが，2 つの電子状態が同じ対称性をもち，相互作用できる場合には交差を回避する．これを擬交差（pseudo crossing）あるいは，回避的面交差（avoided crossing）という．2.1 節で説明したように，このような状況では，もはやボルン・オッペンハイマー近似は成り立たない．以下に回避的面交差が起こる理由を簡単に説明する．たとえば，図 4.2 に示すように，電子状態 Ψ_1 と Ψ_2 が交差する場合を考える．(2.11) 式で示したように，2 つの電子波動関数が相互作用する場合には，電子波動関数は (4.1) 式のように表される [41]．

4.1 電子励起状態のポテンシャルエネルギー曲線　65

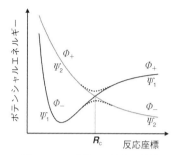

図 4.2　PE 曲線の回避的面交差

$$\Phi_\pm(\boldsymbol{r},\boldsymbol{R}) = C_{1\pm}(\boldsymbol{R})\,\Psi_1(\boldsymbol{r};\boldsymbol{R}') \pm C_{2\pm}(\boldsymbol{R})\,\Psi_2(\boldsymbol{r};\boldsymbol{R}') \tag{4.1}$$

係数 $C_{1\pm}(\boldsymbol{R})$ と $C_{2\pm}(\boldsymbol{R})$ は変分法から求めることができ,エネルギーは (4.2) 式で表される.

$$E_\pm(\boldsymbol{R}) = \frac{E_1(\boldsymbol{R}) + E_2(\boldsymbol{R})}{2}$$
$$\pm \sqrt{\left(\frac{E_1(\boldsymbol{R}) - E_2(\boldsymbol{R})}{2}\right)^2 + |H_{12}(\boldsymbol{R})|^2} \tag{4.2}$$

ここで,$H_{12}(\boldsymbol{R})$ は電子状態 Ψ_1 と Ψ_2 の相互作用の程度を表すものである.Ψ_1 と Ψ_2 が相互作用してできた Φ_+ と Φ_- に対応するポテンシャル $E_+(\boldsymbol{R})$ と $E_-(\boldsymbol{R})$ が交差するためには,ある座標で $E_+(\boldsymbol{R})$ と $E_-(\boldsymbol{R})$ の値が等しくなる必要がある.そのためには根号の中身がゼロにならなければならない.すなわち,以下の 2 つの条件を同時に満たす $\boldsymbol{R}$ が存在しなければならない.

$$E_1(\boldsymbol{R}) - E_2(\boldsymbol{R}) = 0 \tag{4.3}$$

$$H_{12}(\boldsymbol{R}) = 0 \tag{4.4}$$

よって,未知数($\boldsymbol{R}$)が1つで,条件式が2つあるので,2つの条件を同時に満たし,$E_+(\boldsymbol{R})$ と $E_-(\boldsymbol{R})$ が等しくなる座標 $\boldsymbol{R}$ は存在しない.Φ_+ と Φ_- に対応する $E_+(\boldsymbol{R})$ と $E_-(\boldsymbol{R})$ をプロットすると図4.2の点線で示したように,2つのポテンシャルは交差することなく,$\boldsymbol{R} = \boldsymbol{R}_c$ でこれらは最も接近することになる.これをノイマン・ウィグナーの非交差則(Neumann–Wigner non-crossing rule)という.核座標の変化に対して電子波動関数が互いに大きく混合し合うことを非断熱結合(nonadiabatic coupling)といい,異なる固有状態の断熱ポテンシャルに乗り移ることを非断熱遷移(nonadiabatic transition)という.エネルギーの高い Φ_+ の電子状態は,$\boldsymbol{R} = \boldsymbol{R}_c$ の左側ではほぼ Ψ_2 単独で,右側ではほぼ Ψ_1 単独で表される.一方,エネルギーの低い Φ_- の電子状態は,$\boldsymbol{R} = \boldsymbol{R}_c$ の左側ではほぼ Ψ_1 単独で,右側ではほぼ Ψ_2 単独で表される.すなわち,2つのポテンシャルが回避的面交差をする場合,$\boldsymbol{R} = \boldsymbol{R}_c$ を境に,2つの電子状態の性質が入れ替わることになる.このように,近接する2つの電子状態が相互作用して,回避的面交差をする場合には,ボルン・オッペンハイマー近似(断熱近似)が破綻して,電子の運動と原子核の運動が分離できなくなる.つまり,分子構造が変化することで,電子波動関数が変化することになる.

4.2 円錐交差

二原子分子のポテンシャルは原子間距離という1つの座標(核運動の自由度 n が1)でポテンシャルを考えることができた.一方で,多原子分子では核運動の自由度 n は2以上になり,断熱ポテ

ンシャルは曲面として表されることになる．たとえば，自由度が2の場合，すなわちポテンシャルが2つの反応座標 $\boldsymbol{R}_1$ と $\boldsymbol{R}_2$ の関数になっている場合，(4.2) 式に対応するものとして，(4.5) 式が導かれる [41]．

$$E_\pm(\boldsymbol{R}_1, \boldsymbol{R}_2)$$
$$= \frac{E_1(\boldsymbol{R}_1, \boldsymbol{R}_2) + E_2(\boldsymbol{R}_1, \boldsymbol{R}_2)}{2}$$
$$\pm \sqrt{\left(\frac{E_1(\boldsymbol{R}_1, \boldsymbol{R}_2) - E_2(\boldsymbol{R}_1, \boldsymbol{R}_2)}{2}\right)^2 + |H_{12}(\boldsymbol{R}_1, \boldsymbol{R}_2)|^2} \quad (4.5)$$

2つの PE 曲面が交差する条件は，根号の中身がゼロとなることから，(4.6), (4.7) 式の両方が成り立つことである．

$$E_1(\boldsymbol{R}_1, \boldsymbol{R}_2) - E_2(\boldsymbol{R}_1, \boldsymbol{R}_2) = 0 \quad (4.6)$$
$$H_{12}(\boldsymbol{R}_1, \boldsymbol{R}_2) = 0 \quad (4.7)$$

未知数 ($\boldsymbol{R}$) が1つの (4.2) 式とは異なり，未知数が2つ ($\boldsymbol{R}_1$ と $\boldsymbol{R}_2$) あり，条件式も2つあることから，上式の両方を満足する $\boldsymbol{R}_1$ と $\boldsymbol{R}_2$ が定まることになる．すなわち，2つのポテンシャルは1点で交差してもよいことになる．この場合，2つのポテンシャルは図4.3のように，2つの円錐の頂点で交わっているような描像になる．このように，多次元の PE 曲面が1点で交わることを円錐交差（conical intersection：CI）という [42]．

図 4.2 に示したように，2つの断熱ポテンシャルが回避的面交差する場合，擬交差点前後で電子状態の性質は入れ替わるが，円錐交差の場合には，交差点では2つの電子状態が混じることはなく，電子的特徴を変えることはない．回避的面交差の場合には，2つのポテンシャル面にエネルギー差が生じるため，ϕ_+ の擬交差点近くのエネルギー極小点にしばらく留まってから，ϕ_- に非断熱的に乗り

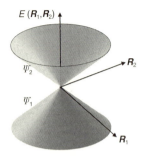

図 4.3 PE 曲面の円錐交差

移る．Ψ_1 と Ψ_2 の相互作用が大きいほど，擬交差点における Φ_+ と Φ_- のエネルギー差が大きくなり，それだけ非断熱遷移に時間を要することになる．一方で，円錐交差の場合には，PE 面のエネルギー極小点を通過するわけではないので，交差点を高速に通過することができる．ただし，円錐交差を通過する場合には，少なくとも 2 つの反応座標が関与する必要がある．

図 4.4 に光化学反応に関する代表的な光物理化学過程を示す [43, 44]．(a) は反応物が光を吸収して励起状態に遷移したのち，励起状態のポテンシャル面に沿って分子構造が変化し，エネルギーの最も低い地点から熱を放出して（無輻射失活），あるいは光を放出して（輻射失活），基底状態の光生成物を与える過程である．(b) は円錐交差を経て，反応物の励起状態から基底状態の光生成物を与える過程である．(c) は回避的面交差を経て，反応物の励起状態から基底状態の光生成物を与える過程である．励起状態を経由する光化学反応の多くは，これら (a)～(c) の過程の組合せで理解することができる．

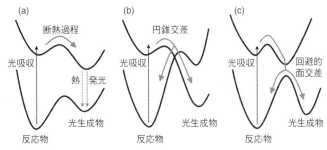

図 4.4　光反応の代表的な光物理化学過程
(a)～(c)については本文参照.

4.3　フォトクロミック反応の励起状態ダイナミクス

　近年の研究では，ピコ（10^{-12}）秒より高速に起こる超高速光化学反応では円錐交差が重要であることがわかってきた．円錐交差の近傍では非断熱遷移が効率的に起こるが，円錐交差点の分子構造やエネルギー，および，そこからの反応経路の分岐が明らかになれば，電子励起状態の寿命や光反応量子収率を議論するうえで重要な手がかりとなる．非断熱遷移は PE 曲面の交差や回避的面交差で起こる状態間遷移であり，光化学において最も重要なものである．分子は非断熱遷移によって，電子状態だけでなく分子構造も変え，その変化が機能発現の起源となる．フォトクロミック反応では，非断熱遷移は重要な物理過程であり，分子構造変化を伴う光異性化反応の本質的な原因となっている．図 4.5 には，フォトクロミック反応のポテンシャル概念図を示す．異性体 A を光励起すると分子構造を変えることなく励起状態のポテンシャル面に遷移（フランク・コンドン（Franck-Condon）遷移）する．その後，励起状態のポテンシャル面に沿ってエネルギー緩和し，基底状態のポテンシャル面と

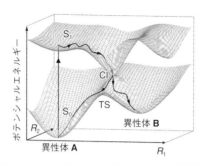

図 4.5 フォトクロミック反応の PE 曲面概念図

の円錐交差を経て異性体 **A** に戻る場合と異性体 **B** に異性化する場合がある．円錐交差の幾何学的な位置により光異性化反応の収率は変化することが知られており，量子化学計算や超高速分光を用いて，円錐交差が起こる分子構造を明らかにする研究が精力的に行われている．

オレフィンのトランス-シス光異性化反応では，基底状態と励起状態の2つの PE 曲面の円錐交差を経由することが知られている．基底状態ではシス-トランス異性化反応には大きな活性化エネルギーが存在するが，励起状態では本質的にエネルギー障壁がなく，超高速に異性化反応が進行する．たとえば，視覚の初期過程として重要なロドプシン中の 11-*cis*-レチナールから all-*trans*-レチナールへの光異性化反応（図 4.6）は 200 fs の時間スケールで進行する．レチナールの光異性化反応の初期の理論的モデルとしては，C=C 二重結合まわりの回転角を反応座標とした一次元の PE 曲線が用いられた．核座標の自由度が1の場合には，図 4.4(c) に示すように2つのポテンシャルは交差することなく回避的面交差する．光吸収で励起状態に遷移したシス体は C=C 二重結合のまわりに回転しな

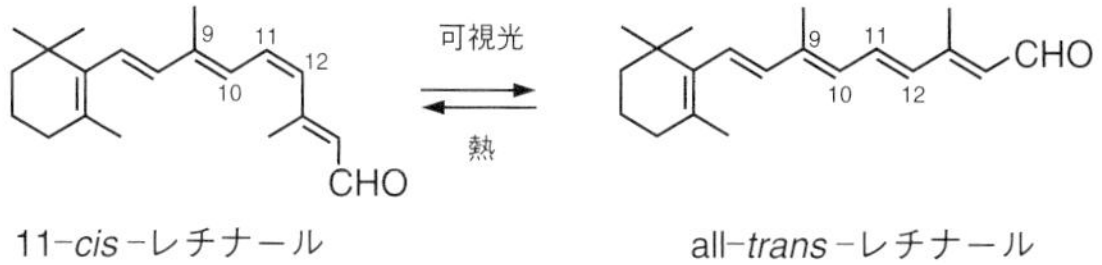

図 4.6 レチナールの光異性化反応

がら励起状態のポテンシャル曲線のエネルギー極小点まで緩和し，基底状態の PE 曲線に非断熱遷移する．その後，基底状態の PE 曲線に沿ってシス体に戻るか，トランス体に異性化する．しかし，光異性化反応の速度が，エネルギーギャップ則（無輻射失活の速度は，遷移に関わる 2 つの状態間のエネルギー差が小さいほど速いという法則）から予想される速度よりはるかに高速であること，および，エネルギー極小値の中間体（観測されていないのでファントム状態と名づけられた）の存在が分光学的に認められないことから，回避的面交差している描像は正しくないことがわかった．そこで，現在ではレチナールの光異性化反応は，C=C 二重結合まわりの回転角と，他の分子内座標を反応座標とする電子基底状態と電子励起状態の PE 曲面の円錐交差を経由する図 4.4(b) のように考えられている．

コラム 7

インジゴはなぜ光異性化しないか？

インジゴは最も古くから広く使われている天然色素の一つで，優れた耐光性を有している．インジゴブルーは，デニムのジーンズの典型的な青色である．また，硫酸処理によってスルホン化されたインジゴカルミンは，青色2号として食品添加物や工業製品の着色用途に使われており，実際にチョコレートや和菓子に広く使われている．

図1(a)に示すインジゴの光化学の大きな特徴は，トランス–シス光異性化反応を起こさないことである．古くから多くの研究者は，カルボニル酸素とN–H部位との分子内水素結合がトランス–シス光異性化反応を妨げていると考えてきた．実際に，このような分子内水素結合がない N,N'-ジアセチルインジゴは，図1(b)に示すように可視光照射によってトランス–シス光異性化反応を起こす．インジゴ誘導体のトランス–シス光異性化反応には，励起三重項（T_1）状態が関わっているとされているが，インジゴ自身の励起一重項（S_1）状態からT_1状態への項間交差の量子収率はきわめて低いことが知られている．

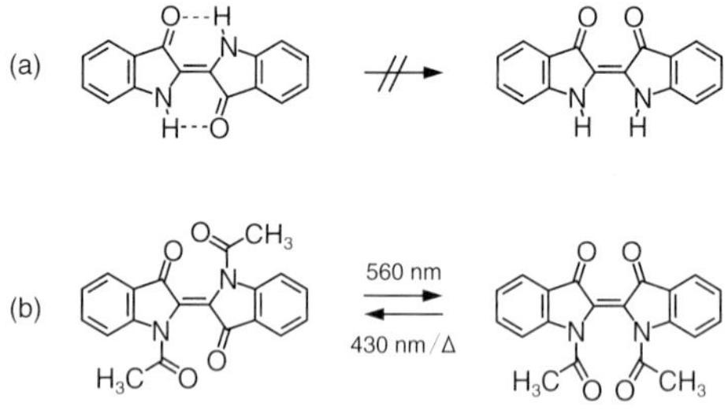

図1 (a) インジゴ，(b) N,N'-ジアセチルインジゴの分子構造

また、S_1 状態の寿命も非常に短いことが知られていたが、最近の理論計算により、カルボニル酸素と N-H 部位の間で起こる励起状態プロトン移動（excited-state intramolecular proton transfer：ESIPT）により、S_1 状態が迅速に失活し、モノエノール体の基底状態を生成することが、トランス–シス光異性化反応を起こさない原因であることが示された［1］。図 2 に示すように、S_1 状態は $\pi\pi^*$ 励起状態であり、円錐交差（CI）を経由して非断熱的に基底状態に失活する。CI を経由する失活過程は非常に高速に進行するために、S_1 状態の寿命は短く、またトランス–シス光異性化反応も起こさない実験事実と一致する。したがって、N,N′-ジアセチルインジゴのように、分子内水素結合がない誘導体では、ESIPT が起こらないので、S_1 状態の寿命も長くなり、トランス–シス光異性化反応が可能となる。

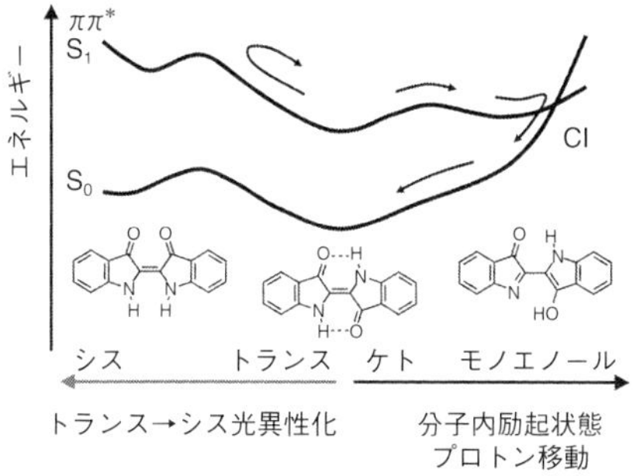

図 2　インジゴの PE 曲線

[1] S. Yamazaki, A. L. Sobolewskic, W. Domcke：*Phys. Chem. Chem. Phys.*, **13**, 1618 (2011).

第5章

オレフィンの光異性化

5.1 オレフィンの電子状態と光励起ダイナミクス

　スチルベンやアゾベンゼンは,光照射によってトランス-シス異性化反応を起こす.この異性化反応は,光励起によりC=C二重結合やN=N二重結合が単結合性を帯び,励起状態のPE面に沿って構造変化が起こることに起因する.また,トランス体とシス体では吸収スペクトルが大きく変化する.本章では,オレフィンの光異性化反応がどのように進行するのかを電子状態の観点から解説し,さらにアゾベンゼン系フォトクロミック分子の吸収スペクトル変化について解説する.

　2.3節で述べたように,最も単純なオレフィンであるエチレンの2つの炭素原子はsp^2混成軌道を形成しており,3つのsp^2混成軌道は炭素原子および2つの水素原子とσ結合を形成している(図2.3).sp^2混成軌道に関与していない残りの$2p_z$軌道は分子面に対して垂直方向に存在し,隣接する炭素原子上の$2p_z$軌道とπ結合を形成している.このためエチレンは平面構造をとり,π結合によりC=C結合軸まわりの回転はロックされ,回転するには大きなエネルギーを要する.エチレンのπ分子軌道については2.3節において,分子軌道法を用いて結合性軌道と反結合性軌道を形成することを述べた.

オレフィンでは，光励起により結合性軌道から反結合性軌道へ電子が遷移し，双性イオン的な励起一重項（S_1）状態やビラジカル性の励起三重項（T_1）状態が生成する．オレフィンはこれらの励起状態からさまざまな反応を起こすが，本章ではトランス-シス異性化反応に焦点をおき，代表的な光異性化分子であるスチルベンを例に述べる（図1.3参照）．図5.1にスチルベンの基底一重項（S_0）状態とS_1状態におけるPE曲線を示す[1, 43, 45]．トランス体は平面構造が最も安定であり，中心のC=C結合を軸として回転させると，回転角度90°を境にして結合性軌道が反結合性軌道へと変化して軌道エネルギーが上昇する．また，シス体は2つのベンゼン環の立体反発により平面からずれ，ねじれた構造をしている．トランス体と同様にシス体についても中心のC=C結合軸に対して回転させると

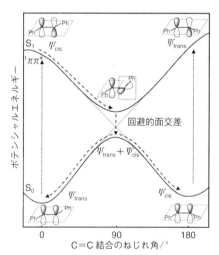

図5.1　スチルベンのS_0状態とS_1状態のPE曲線
Phはフェニル基を表す．

軌道エネルギーが上昇し,回転角度約 90°でトランス体とシス体の PE 曲線が交差する.第 4 章で述べたように,この 2 つの電子状態が相互作用することで回避的面交差が生じ,S_0 状態と S_1 状態に対応する PE 曲線が形成される.結合性軌道である π 軌道は重なり積分の最も大きい平面構造で安定化するため,基底状態では直交構造が最も不安定である.一方,励起状態では C=C 結合は反結合性軌道であるため単結合性を有しており,炭素原子上に局在した電子のクーロン反発により直交構造が最も安定となる.結果として,基底状態においては,トランス体の二重結合を回転させるとシス体の電子状態が混じり合う直交構造で最もエネルギーが高くなり,さらに回転させることでシス体の電子状態へと断熱遷移する.一方で,光励起では S_0 状態のトランス体は分子構造を変えることなく S_1 状態へ ππ* 遷移し(フランク・コンドン遷移),S_1 状態の PE 曲線に沿って安定な直交構造へと緩和する.この直交構造から S_0 状態の PE 曲線へと非断熱遷移することにより,一定の割合でシス体へと異性化する.

スチルベンは T_1 状態からも効率良く異性化反応が進行することが知られている(図 5.2).S_0 状態から T_1 状態への直接励起はスピン禁制であるため,通常はベンゾフェノンに代表される三重項増感剤を用いることでスチルベンの T_1 状態が効率よく生成される(コラム 2 参照)[46].生成した T_1 状態の PE 曲線に従って最安定構造まで緩和した後,S_0 状態の PE 曲線へと項間交差(非断熱遷移)する.通常,T_1 状態と S_0 状態間の遷移は禁制であるため,それらの電子状態が相互作用することはなく,PE 曲線は完全面交差となるが,面外分子振動による摂動が加わることでスピン-軌道相互作用(コラム 8, 9)がはたらき,一重項状態と三重項状態が混ざり合う.このため,T_1 状態と S_0 状態の PE 曲線は回避的面交差となり,

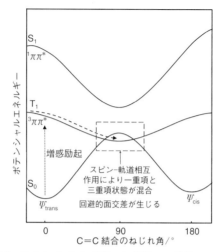

図 5.2 スチルベンの S_0 状態, S_1 状態, T_1 状態の PE 曲線

項間交差が許容となる．項間交差した後は S_0 状態の PE 曲線に従って異性化反応が進行する．光を照射し続けると，スチルベンはやがて光定常状態へと達し，トランス体とシス体の生成比は励起波長におけるおのおののモル吸光係数の比に依存して決まる．

5.2 アゾベンゼンのフォトクロミズム

アゾベンゼンは最も古くから研究されている T 型フォトクロミック化合物の一つである．スチルベンの C=C 二重結合が N=N 二重結合に置き換わった構造をしており（図 1.3 参照），紫外光照射によりトランス体（黄色）からシス体（橙色）へと変化するフォトクロミズムを示す．アゾベンゼンのシス体は可視光照射によりトランス体に戻る．また，シス体は熱的に不安定であるため，室温では暗

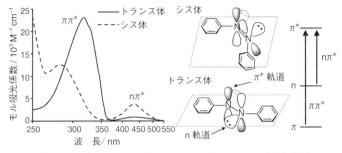

図 5.3 アゾベンゼンの吸収スペクトル（メタノール溶液）[49]

所において数時間から数日かけてトランス体に戻る．前節で解説したオレフィンの光異性化機構に従い，アゾベンゼンの光異性化反応は S_1 状態において N=N 二重結合性が弱まることで起こる．シス体からの熱戻り反応は，S_0 状態の PE 曲線に沿って進行する．アゾベンゼンのシス-トランス熱異性化反応は 1937 年に G. S. Hartley によって報告され，種々の溶媒効果や置換基効果，温度依存性が研究されてきた [47]．熱戻り反応速度は活性化エネルギーの大きさに依存し，たとえば 2 つのベンゼン環のそれぞれに電子供与性置換基と電子受容性置換基を導入した push-pull 型や，ヒドロキシ基を導入したアゾベンゼン誘導体は高速な熱戻り反応を示すことで知られている [48]．

　図 5.3 にメタノール中のアゾベンゼンの吸収スペクトル変化を示す [49]．トランス体は 315 nm に吸収極大を示し，溶液は黄色を呈する．一方，紫外光照射によりシス体が生成すると，315 nm の吸光度は減少し，同時に 430 nm 付近の吸光度が増大することで溶液は橙色を呈する．この 315 nm と 430 nm の 2 つの吸収は，それぞれ $\pi\pi^*$ 遷移および $n\pi^*$ 遷移に帰属される．$\pi\pi^*$ 遷移は，結合性の

π軌道に収容されている電子が,反結合性のπ*軌道へと励起されることに由来する.アゾベンゼンは窒素原子上に非共有(孤立)電子対が存在しており,この非共有電子対は他の原子軌道と相互作用することなく非結合性軌道(n軌道)を形成している.n軌道に収容されている電子が,π*軌道に励起されることをnπ*遷移という.以下では,トランス体とシス体の吸収スペクトルが異なる理由を電子遷移の選択則に従って考える.

状態iから状態fへの電子遷移の確率は,遷移双極子モーメントM_{if}の大きさに依存し,ボルン・オッペンハイマー近似の下では(5.1)式のように表される [34, 50, 51].

$$M_{\mathrm{if}} = \int \Psi_{\mathrm{f}} \vec{er} \Psi_{\mathrm{i}} \, d\tau = \int \phi_{\mathrm{f}} \chi_{\mathrm{f}} S_{\mathrm{f}} \vec{er} \phi_{\mathrm{i}} \chi_{\mathrm{i}} S_{\mathrm{i}} \, d\tau$$

$$= \int \phi_{\mathrm{f}} \vec{er} \phi_{\mathrm{i}} \, d\tau_{\mathrm{e}} \times \int \chi_{\mathrm{f}} \chi_{\mathrm{i}} \, d\tau_{\mathrm{N}} \times \int S_{\mathrm{f}} S_{\mathrm{i}} \, d\tau_{\mathrm{s}} \qquad (5.1)$$

ここで,ψは電子波動関数,χは振動波動関数,Sはスピン波動関数,$\vec{er}$は遷移双極子演算子,iは始状態(initial),fは終状態(final)を意味する.電子遷移が起こるためには,これらの積分の値が0にならない条件が必要となる.(5.1)式の下段の1つ目の積分は電子遷移双極子モーメント(electronic transition dipole moment)とよばれ,遷移が起こるためには,始状態と終状態の電子波動関数の重なり積分が大きいこと,および遷移の前後で電子波動関数の対称性が変化する必要があることを意味している.積分が0にならないためには,積分の中の関数の積が偶関数である必要がある.遷移双極子演算子は空間の反転に対して符号が変化する奇関数であるため,始状態と終状態の電子波動関数の積は奇関数,すなわち遷移の前後で対称性が変化する必要がある.たとえばアゾベンゼンやスチルベンのような反転対称中心を有する分子のππ*遷移では,節

(node) のない π 軌道に対して π* 軌道では節が 1 つ存在し，電子波動関数の対称性が変化している．そのため，積分の中は全体として偶関数となり許容となる．2 つ目の積分はフランク・コンドン積分とよばれ，基底状態と励起状態の振動準位間の振動波動関数の重なり積分が大きいほど遷移確率が高くなることを意味する．この積分は吸収スペクトルに核振動を反映した振電構造が現れる要因である．最後に，3 つ目の積分はスピン選択則を表し，同一スピン多重度間の遷移が許容となる．すなわち，一重項状態と三重項状態の間の遷移はスピン禁制となる．これらの選択則は，ボルン・オッペンハイマー近似で仮定する核配置が静止している状態で適用されるものであり，実際には分子振動などの摂動が加わることにより選択則は破れ，禁制遷移に由来する吸収スペクトルが微弱ながら観測される場合がある．

前述したように，一般的に始状態と終状態の電子波動関数の空間的な重なり（重なり積分）が大きいほど，光吸収の電子遷移確率は高くなる．アゾベンゼンの吸収スペクトル変化はトランス体，シス体の光吸収選択則の違いを反映している．平面構造を有するトランス体は π 軌道と π* 軌道が同一平面上に広がっているため，π 軌道と π* 軌道の重なり積分が大きく，ππ* 遷移の電子遷移確率は高い．シス体は非平面構造となるため，ππ* 遷移の電子遷移確率はトランス体と比べて低くなる．一方で，トランス体の nπ* 遷移確率は非常に低いが，シス体ではトランス体と比較して高くなる．これはトランス体の n 軌道は π* 軌道に対して垂直方向に広がっているため，n 軌道と π* 軌道の重なり積分は 0 となり nπ* 遷移は禁制遷移となるからである．しかし，実際には分子振動により n 軌道と π* 軌道の重なり積分は厳密には 0 にならないため，nπ* 遷移は弱いながら観測される．ボルン・オッペンハイマー近似では，ある核配置に固

定された基底状態からの遷移を考慮したが,原子核の振動は絶対零度でも止まることはなく,分子を構成するすべての原子が振動する分子振動が起こっている.このような分子振動によって,禁制遷移が可能となる場合がある(振電相互作用,vibronic coupling).トランス体では,分子振動のなかでもとくにn軌道とπ*軌道に重なりが生じる面外振動が起こることでnπ*遷移が許容となる.また,電子遷移は分子振動を反映した振動準位間の遷移(振電遷移)に加え,溶媒分子との相互作用により,さらにエネルギー分布に幅が生じるため,実際の吸収は単一の鋭いピークではなく数十nmの幅を有する"吸収帯"となって観測される.シス体では安定配置が平面ではなく,ねじれた構造であるため,π軌道とπ*軌道の重なりは減少し,反対にn軌道とπ*軌道の重なりが増大する.そのため,シス体の吸収スペクトルは,トランス体と比較してππ*遷移の吸収帯が減少し,nπ*遷移の吸収帯が増大する.このように,アゾベンゼンのフォトクロミック反応に伴う吸収スペクトル変化は,分子構造変化が電子遷移の選択則に変化を与えることで生じると理解できる.

5.3 可視光応答アゾベンゼン

典型的なフォトクロミック反応は少なくとも一方向の反応は紫外光照射により誘起されるが,近年,可視光のみに応答するフォトクロミック分子が基礎・応用の両面から注目されている.アゾベンゼンにおいても可視光照射で可逆的に異性化する分子の探索が行われている.このような可視光応答アゾベンゼンは立体制御や置換基導入により電子状態を制御し,吸収帯をシフトさせることで達成されている.

5.3.1 共役長の伸長による吸収スペクトルの長波長化

一般に，有機分子の共役が広がるほど吸収スペクトルは長波長側へシフトする．これは，電子の非局在化により HOMO–LUMO ギャップが減少するためである．2.3 節では 2 つの $2p_z$ 軌道の軌道間相互作用によりエチレンの HOMO と LUMO が形成されることを説明した．この形成されたエチレンの HOMO と LUMO がさらに相互作用しブタジエンの分子軌道を形成する過程を考える．エチレンどうしの HOMO と HOMO，および LUMO と LUMO が相互作用すると，新たに 4 つの分子軌道（ϕ_1, ϕ_2, ϕ_3, ϕ_4）が形成され，低エネルギーの準位から順に節が 1 つずつ増えるように軌道の対称性が変化する．ブタジエンは 4 つの π 電子を有しているため，エネルギーの低い軌道から順に電子を満たすと，ϕ_2 が HOMO，ϕ_3 が LUMO となり（図 5.4），ブタジエンの HOMO–LUMO ギャップはエ

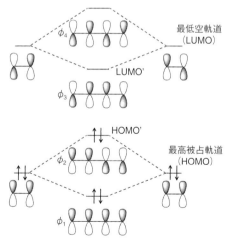

図 5.4　エチレン 2 分子からブタジエンを形成する軌道相互作用と分子軌道

チレンの場合よりも小さくなる．すなわち，エチレンからブタジエンへ共役長が伸びることで，遷移に必要な光のエネルギーが減少することを意味する．これが，共役長が伸びることで吸収スペクトルが長波長シフトする基本的な理解である．たとえば，芳香族化合物であるベンゼン，ナフタレン，アントラセンは，共役長に依存して吸収極大波長が 255 nm, 286 nm, 375 nm へと長波長シフトする．

5.3.2　電子供与性，電子受容性置換基の導入による吸収スペクトルの長波長化

電子供与性の高い分子（電子供与体，ドナー）は電子を渡しやすいため HOMO 準位は高く，電子受容性の高い分子（電子受容体，アクセプター）は電子を受け取りやすいため LUMO 準位は低い．そのため，ドナーとアクセプターの間ではドナーの HOMO とアクセプターの LUMO の間で軌道相互作用が生じ，新たに電荷移動（charge transfer：CT）準位が生成される．この結果，ドナーからアクセプターへ電荷が移動し，CT 錯体が形成されることが知られている．このような CT 相互作用では，ドナーの電子供与性，あるいはアクセプターの電子受容性が大きくなるほど，ドナーの HOMO とアクセプターの LUMO の準位が近づくため，CT 相互作用が大きくなる（最小エネルギー差の原理，コラム 11）．このように，分子の電子供与性・電子受容性の制御により CT 相互作用の大きさを変化させることは，有機導電性分子の設計などにおいて重要な概念である．一方，電子供与性・電子受容性の大きさに基づくエネルギー準位の変化は，分子の吸収スペクトルをシフトさせる場合にも効果的に利用することができる．たとえば，吸収スペクトルの長波長化には，電子遷移に関わる分子軌道間のエネルギー差を小さくする必要がある．HOMO–LUMO 遷移であれば，HOMO 準位の上昇ま

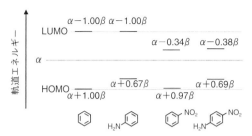

図 5.5　電子供与性・電子受容性基の導入による軌道エネルギー変化

たは LUMO 準位の下降により HOMO–LUMO ギャップが小さくなることは容易に理解できる．よって，HOMO 準位の上昇には電子供与性置換基の導入が効果的であり，代表的な電子供与基としてメトキシ基やアミノ基，チエニル基などが知られている．一方，LUMO 準位の下降には電子受容基の導入が効果的で，ニトロ基やシアノ基が知られている．図 5.5 にヒュッケル法で求めた HOMO と LUMO の軌道エネルギーを示す．

5.3.3　可視光応答アゾベンゼンの分子設計

アゾベンゼンの特徴は，① 紫外光領域に位置する ππ* 遷移の吸収波長はトランス体とシス体で重なっているが，吸光係数に関してはトランス体のほうが大きいこと，② ππ* 遷移と比較して吸光係数が小さく，可視光領域に位置する nπ* 遷移の吸収波長はトランス体とシス体でほぼ同じであるが，吸光係数に関してはシス体のほうが大きいことである．したがって，紫外光を照射した場合は，おもにトランス体が励起されシス体の濃度が上昇するのに対して，可視光を照射した場合は，おもにシス体が励起されてトランス体の濃度が上昇する．そこで，可視光を用いてトランス体とシス体の選択的な

光異性化反応を実現するための分子設計戦略として，トランス体のnπ*遷移の吸光係数を大きくすること，およびトランス体とシス体のnπ*遷移の吸収波長をずらすことが検討されている．

G. A. Woolley らは，アゾベンゼンのオルト位にメトキシ基を導入した分子の可視光応答性について詳細に報告した（図5.6(a)）[52]．このアゾベンゼンのシス体のnπ*遷移は460 nmに存在するのに対し，トランス体のnπ*遷移は520 nmに存在し，60 nmもの吸収帯の分離が起こっている．この理由として Woolley らは，トランス体におけるメトキシ基と窒素上の非共有電子対の相互作用が重要であると述べている．まず，オルト位にかさ高いメトキシ基が導入されていることによりトランス体は平面構造からずれるため，nπ*遷移は許容となる．また，アゾベンゼンのHOMOは窒素上の非共有電子対上に局在している．シス体はねじれた構造を有し，トランス体は平面構造を有するという構造上の違いから，シス体では非共有電

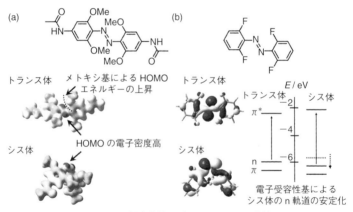

図5.6 可視光応答アゾベンゼンの電子状態
(a) メトキシ基，(b) フッ素原子の導入による，トランス体とシス体のnπ*遷移の分離．

子対が広がる方向に電子供与性のメトキシ基が存在しないのに対し，トランス体では非共有電子対の近くに電子供与性のメトキシ基が配置されている．このため，トランス体の HOMO が不安定になることで HOMO 準位が上昇し，シス体の nπ* 遷移と比較して吸収体が長波長シフトする．このようにして，トランス体とシス体の吸収帯の分離が達成される．

一方 S. Hecht らは，オルト位に電子受容性基であるフッ素原子を導入することで，可視光領域においてトランス体とシス体の nπ* 遷移の分離に成功している（図 5.6(b)）[53]．アゾベンゼンではトランス体の n 軌道に比べ，シス体の n 軌道のエネルギー準位が高い．シス体においては，窒素上の非共有電子対が空間的に接近するため，電子対どうしの反発により n 軌道のエネルギーが上昇するからである．電子受容性基の導入は n 軌道の電子密度を減少させるため，電子対どうしの反発が解消され，シス体の n 軌道は安定化する．結果として，シス体の nπ* 遷移はより短波長側へとシフ

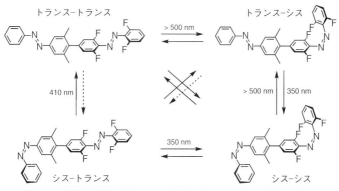

図 5.7　可視光応答アゾベンゼンを用いたオルソゴナル光スイッチ

トしトランス体の nπ* 遷移との分離が起こる.

　以上のような，トランス体の nπ* 遷移の吸光係数の増大と，トランス体とシス体の nπ* 遷移の吸収体の分離を利用することで，可視光照射により可逆的に異性化するアゾベンゼンが開発できる．また，可視光応答型アゾベンゼンと通常のアゾベンゼンを組み合わせることで，照射する光の波長によって選択的に片方の部位が反応す

コラム 8

スピン–軌道相互作用

　荷電粒子（電荷 q）が角運動量 $\vec{p}$ をもって円運動するとき，磁気モーメント $\vec{\mu}$ が発生する．この磁気モーメントと角運動量の関係は次の式で表され，符号の正負は荷電粒子が正電荷をもつ場合と負電荷をもつ場合に対応している．

$$\vec{\mu} = \pm \frac{\mu_0 q}{2m} \vec{p}$$

μ_0 は真空の透磁率，m は荷電粒子の質量である．つまり，負電荷をもつ粒子の場合は，磁気モーメントと角運動量の向きは反対になる．電子自身は磁気モーメントと角運動量を有しており，負電荷を有する荷電粒子が自転運動しているととらえることができる．この自転運動に基づく角運動量はとくにスピン（spin，またはスピン角運動量，spin angular momentum）とよばれる．磁場が存在しているとき，磁気モーメントは磁場方向または磁場と反対方向に整列し（空間量子化），歳差運動を行っている．この歳差運動の回転周波数はラーモア（Larmor）周波数 ω_s といい，磁場の大きさに比例して大きくなる．スピン磁気量子数 m_s，g 因子，ボーア（Bohr）磁子 μ_e，磁場 $\vec{H}$ を用いて，ω_s は次のように表される．

$$\omega_s = \frac{m_s g \mu_e}{\hbar} \vec{H}$$

るオルソゴナル光スイッチが可能となる（図5.7）[54]．励起光波長や励起光強度に依存するマルチフォトクロミズムは，複数の機能を制御可能な分子スイッチや分子マシンの開発において重要な光応答部位となりうる．さらに，可視光に応答する光スイッチ分子は，生体反応への応用展開をめざすうえで必要不可欠であり，今後の更なる発展が望まれている．

コラム6で解説したベクトルモデルを用いると，スピン一重項状態と三重項状態は歳差運動をしている2つのスピン（S_1：αスピン，S_2：βスピン）の組合せによって分類される．スピン一重項状態と三重項状態の間の遷移は，スピン選択則によると禁制であるが，実際にはスピン-軌道相互作用（spin orbit coupling）により選択則が破れ，項間交差が起こる．ベクトルモデルを用いて，スピン-軌道相互作用により一重項状態と三重項状態の間の遷移が起こる視覚的なイメージを理解しよう．

2つのスピンが存在するとき，それらは異なる軌道を運動しているため，2つのスピンはそれぞれ異なる磁場の影響を受けている．いま，S_2 に対して外部から新たに磁場がかかり，スピン三重項状態から一重項状態へ遷移するとき，ベクトルモデルでは2つの場合が考えられる [1]．一方は，S_2 のスピンのラーモア（Larmor）周波数が変化することで2つのスピンの位相がずれ，三重項状態と一重項状態の混合状態を生成する．この混合状態の一重項成分を通して，一重項状態への遷移が可能になる（図1(a)）．他方は，S_2 の向きを反転させるようなトルクが加わることでスピンが反転し，一重項状態へと遷移する場合である（図1(b)）．このような変化が起こる理由の一つがスピン-軌道相互作用である．電子はスピンに加え，原子核のまわりを公転（軌道）運動しているため，軌道角運動量を有している．これは電荷を帯びた粒子が円運動をしているのと同等であるので，磁気モーメントを生じることになる．軌道角運動量により発生した磁気モーメントと，電子スピンによる磁気モーメントの間

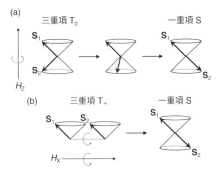

図1　磁気的相互作用による三重項から一重項への遷移
（a）位相のずれによる，（b）スピンの反転による．

には相互作用が生じる．これがスピン-軌道相互作用の由来である．また，電子が原子核の周囲を公転する運動は，相対的には電子の周囲を核が公転することと等しい（図2）．この公転している核も同様に磁気モーメントを生じるため，電子スピンにトルクを発生させる．原子番号が大きいほど核の電荷が増大するので，重原子であるほど生じる磁気モーメントが大きくなり，スピン-軌道相互作用は大きくなる（重原子効果）．分子内に重原子が含まれている場合を内部重原子効果（internal heavy-atom effect）といい，溶媒に重原子が含まれている場合を外部重原子効果（external heavy-atom effect）という [2]．

最後に，スピン-軌道相互作用のハミルトニアンを紹介する．ハミルトニアンは次の式で与えられ [3]，

$$\hat{H}_{SO} = \xi(r)\vec{s}\cdot\vec{l} = \frac{1}{2m^2c^2}\vec{s}\cdot[\vec{E}\times\vec{p}]$$

$$\xi(r) = \frac{1}{2m^2c^2}\left(\frac{1}{r}\cdot\frac{dV}{dr}\right)$$

$\xi(r)$ はスピン-軌道相互作用の比例定数,m は電子の質量,c は光速,$\vec{s}$ はスピン角運動量ベクトル,$\vec{l}$ は軌道角運動量ベクトル,$\vec{E}$ は電場ベクトル,$\vec{p}$ は電子の運動量ベクトル,V は電場の大きさである.スピン角運動量と軌道角運動量はお互いに影響を及ぼし合うため,スピン角運動量と軌道角運動量の内積は 0 にはならず,スピン-軌道相互作用が大きいほど内積は大きくなる.この相互作用により,2 つのスピンの場合,一重項状態には三重項状態の性質が,三重項状態には一重項状態の性質が含まれる.しかし,スピン-軌道相互作用はそれほど大きくないので,混合する一重項状態と三重項状態の性質は小さい.このお互いにわずかに含まれる同じスピン多重度どうしの成分を通して,一重項状態と三重項状態の間で項間交差が起こる.また,この式から,電場が大きく電子が高速で動いているほど相互作用が大きくなることがわかる.原子核電荷が大きな原子ほど電子を強く引き付けることから,重原子効果がはたらくことが理論的に理解できる.

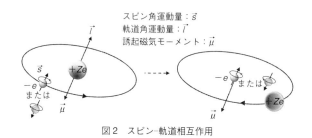

図 2 スピン-軌道相互作用

[1] 井上晴夫,伊藤 攻 監訳:『分子光化学の原理』,丸善出版(2013).
[2] 井上晴夫,高木克彦,佐々木政子,朴 鐘震:『光化学 I』,丸善出版(1999).
[3] 坂口喜生:『スピン化学 化学結合論再入門』,裳華房(2005).

コラム 9

摂 動 論

　摂動（perturbation）とは，もともと天文学の用語である．ただ1つの惑星が太陽のまわりを回っている場合，その惑星の運動は古典力学によって解析的に解くことができ，楕円軌道を描くことがわかっている．しかし，実際には太陽系にはたくさんの惑星があり，ある惑星の運動は他の惑星の影響を受けるため，解析的に解くことはできない．楕円軌道からの「ずれ」は小さいので，「ずれ」を求めて正確な軌道を推定することができる．このように，ある惑星と太陽の間の引力のような主要な力の作用による運動が，惑星どうしの引力のような小さな力の影響で乱されることを摂動という．主要な力による運動が正確にわかっているとき，小さな力の影響を近似的に取り入れる方法が摂動論である．原子・分子の波動関数やエネルギーに対しても，摂動論を用いて電子間の相互作用や電場，磁場などの影響を取り入れることができる．

　スピン一重項状態からスピン三重項状態への遷移である項間交差は，スピン選択則では禁制となるが，実際にはスピン–軌道相互作用（コラム8）という摂動の影響で許容となる．また，カルボニル化合物やアゾベンゼンなどに見られる nπ* 遷移は，n 軌道と π* 軌道の重なり積分がゼロとなることから本来は禁制となるが，実際には核の振動により電子波動関数が影響を受ける振電相互作用（5.2節）という摂動により許容となる．すなわち，項間交差や nπ* 遷移を考える際には，摂動論を用いて，小さな力であるスピン–軌道相互作用や振電相互作用の影響を取り入れる必要がある．

　摂動論では摂動が加わっていない波動関数に摂動の影響を取り入れることで，摂動が加わった状態の波動関数とエネルギーを求める．摂動が加わった状態のハミルトニアン $\hat{H}$ は，摂動が加わっていない状態のハミルトニアン $\hat{H}_0$（無摂動ハミルトニアン）と，摂動ハミルトニアン $\hat{H}'$ の和として与えられる．

$$\hat{H} = \hat{H}_0 + \hat{H}'$$

$\hat{H}_0$ と $\hat{H}$ に関しては，以下の固有値方程式が成り立っている．$\varPsi_i^0$ と E_i^0 は摂動

が加わっていない状態の波動関数とエネルギーである。Ψ_i と E_i は摂動が加わった状態の波動関数とエネルギーである.

$$\hat{H}_0 \Psi_i^0 = E_i^0 \Psi_i^0$$
$$\hat{H} \Psi_i = E_i \Psi_i$$

Ψ_i と E_i は，一次摂動論によって以下のように Ψ_i^0 と E_i^0（$i=1,2,3,\cdots$）を使って与えられる [1–4].

$$\Psi_i = \Psi_i^0 + \sum_{k(\neq i)} \lambda_k \Psi_k^0, \qquad \text{ここで} \qquad \lambda_k = \frac{\int \Psi_i^0 \hat{H}' \Psi_k^0 \, d\tau}{E_i^0 - E_k^0}$$

$$E_i = E_i^0 + \int \Psi_i^0 \hat{H}' \Psi_i^0 \, d\tau$$

これらの式より，Ψ_i には無摂動系の固有関数 Ψ_i^0 に，Ψ_k^0 が λ_k での割合で混合すること，および E_i は摂動ハミルトニアンの期待値によって補正されることがわかる（図）. このように，Ψ_i^0 から Ψ_k^0 への遷移確率がゼロである場合でも，摂動により波動関数が混合する結果，Ψ_i から Ψ_k への遷移確率がゼロでな

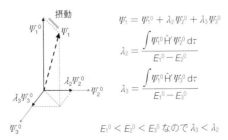

$$\Psi_1 = \Psi_1^0 + \lambda_2 \Psi_2^0 + \lambda_3 \Psi_3^0$$

$$\lambda_2 = \frac{\int \Psi_1^0 \hat{H}' \Psi_2^0 \, d\tau}{E_1^0 - E_2^0}$$

$$\lambda_3 = \frac{\int \Psi_1^0 \hat{H}' \Psi_3^0 \, d\tau}{E_1^0 - E_3^0}$$

$E_1^0 < E_2^0 < E_3^0$ なので $\lambda_3 < \lambda_2$

図　摂動による Ψ_1^0 から Ψ_1 への変化

摂動によって Ψ_1 には Ψ_2^0 と Ψ_3^0 が混ざる. ハミルトニアン $\hat{H}_0$ の固有関数 Ψ_i^0 はヒルベルト（Hilbert）空間（無限次元の関数空間）内の互いに直交するベクトルであり，この図では $\Psi_1^0 \sim \Psi_3^0$ の部分のみ取り出している.

くなることがある.スピン-軌道相互作用を摂動として取り込むことで,スピン一重項状態にはスピン三重項状態の波動関数が,スピン三重項状態にはスピン一重項状態の波動関数がある割合で混合する.この結果,両者に含まれる同じスピン多重度どうしの成分を通して,スピン一重項状態からスピン三重項状態への項間交差が起こる.

係数 λ_k は摂動の大きさに比例し,E_l^0 と E_k^0 のエネルギー差に反比例する.これより,摂動論に関して以下の一般的な規則が導かれる.

(1) 摂動が大きいほど波動関数の混合が誘起され,Ψ_l^0 は大きく変形する.
(2) 相互作用する 2 つの波動関数 Ψ_l^0 と Ψ_k^0 のエネルギー差($E_l^0 - E_k^0$)が小さいほど摂動による混合は大きくなり,Ψ_l^0 が大きく変形する.

コラム 10

分子マシン

2016 年のノーベル化学賞は,分子マシン研究に関する功績が認められ,J.-P. Sauvage, F. Stoddart, B. L. Feringa の 3 名に授与された.そのなかで Feringa は,オレフィンのトランス-シス光異性化反応を利用することで,C=C 結合軸に関して一方向にだけ回転する光駆動分子ローターを開発した [1].代表的な分子ローターの分子構造と PE 曲線の概念を図に示す.この分子はジアステレオマーであり,光・熱異性化により 4 種類の異なる構造異性体間を行き来する.しかし,芳香族環の立体障害によって(M, M)体よりも(P, P)体のほうが熱力学的に安定なため,室温付近の温度では(P, P)体に偏っている.PE 曲線は,左から右に向かって山の高さが低い非対称型になっていることがわかる.このような非対称型ポテンシャルは,1960 年代に R. P. Feynman のラチェットモデルによって提唱され,自然界では筋肉に存在するモータータンパ

たとえば，規則 (2) の代表的な例は軌道相互作用の原理（コラム 11）で述べる「最小エネルギー差の原理」であり，エネルギー差の小さい軌道間の相互作用が最も有効にはたらくことで結合性軌道と反結合性軌道が新たに形成されることが理解できる．

[1] 小出昭一郎：『量子力学 (I) 改訂版』，裳華房（1990）．
[2] 原田義也：『量子化学（上）』，裳華房（2007）．
[3] 井上晴夫，高木克彦，佐々木政子，朴 鐘震：『光化学 I』，丸善出版（1999）．
[4] 井上晴夫，伊藤 攻 監訳：『分子光化学の原理』，丸善出版（2013）．

ク質なども利用しているポテンシャル形状である．しかし，トランス体とシス体の間の活性化エネルギー障壁が高く，この障壁を熱エネルギーで越えようとすると基底状態のすべてのポテンシャルよりも高い熱エネルギーを与える必要がある．この場合，分子の分布は活性化エネルギー障壁に関係なく完全に均一になってしまい一方向への回転は起こらない．Feringa の分子設計の巧みな点は，トランス-シス光異性化反応と非対称ポテンシャルを組み合わせたことにある．つまり，熱では乗り越えられない障壁は光で乗り越え，その先で生成した (M, M) 体を熱力学的に安定な (P, P) 体へ変化させる．(P, P) 体はさらに光異性化を起こし，同様のサイクルを生み出すことで，光エネルギーが投入されるかぎり C＝C 結合軸に関して一方向へと回転し続けることが可能になる．この分子ローターは分子レベルでの回転運動のみでなくマクロな動きへも変換可能であり，さまざまな応用展開が期待されている [2]．

96　第5章　オレフィンの光異性化

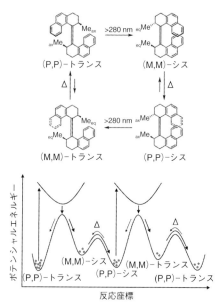

図　光駆動分子ローターと非対称型 PE 曲線
Me に添えてある ax はアキシアル，eq はエクアトリアルを示す．

[1] B. L. Feringa, W. R. Browne："Molecular Switches", Wiley-VCH (2011).
[2] J. Chen, F. K.-C. Leung, M. C. A. Stuart, T. Kajitani, T. Fukushima, E. van der Giessen, B. L. Feringa：*Nat. Chem.*, **10**, 132 (2018).

第6章

電子環状反応

6.1 有機π電子系化合物のペリ環状反応

ペリ環状反応 (pericyclic reaction) は, イオン反応, ラジカル反応に並ぶ有機反応の一つであり, 環状の遷移状態を経て, すべての結合形成および結合解離反応が協奏的に (中間体を経ることなく1段階で) 起こる反応である [55-58]. ペリ環状反応の特徴は, 熱反応と光反応の立体反応選択性が異なり, それぞれの反応で生成物の立体構造が異なることである. ペリ環状反応は反応機構によって, 付加環化反応 (cycloaddition), 電子環状反応 (electrocyclic reaction), シグマトロピー転位 (sigmatropic rearrangement) に大別される (図6.1). フルギドやジアリールエテンはP型のフォトクロミック分子であり (図1.4参照), 光照射により開環・閉環反応が進行する. これらに代表されるようなフォトクロミック反応機構では, 分子内で電子環状反応が起こり, 分子構造および共役長が変化する. 本章では, 分子軌道とPE曲線の観点から電子環状反応を理解することを目的とする.

図 6.1 代表的なペリ環状反応

6.2 フロンティア軌道理論に基づく電子環状反応

福井謙一は 1952 年にフロンティア軌道理論を提唱し [59]，1981 年に日本人として初めてノーベル化学賞を受賞した．フロンティア軌道理論は，「反応に主として関与するのはフロンティア軌道（HOMO および LUMO）である」という概念であり，反応選択性や電子移動を伴う現象の説明が可能である．電子環状反応についてもフロンティア軌道理論を適用することで立体特異性を理解することができる．ジアリールエテンの光閉環・開環反応の部分構造であるヘキサトリエンを例に電子環状反応を考える．

まずヘキサトリエンをブタジエンとエチレンの2つに分割し，それぞれの分子軌道を結合することでヘキサトリエンの分子軌道を形成させる（図 6.2）．電子環状反応が熱的に進行する場合（熱反応），軌道相互作用には基底状態のブタジエンとエチレンの HOMO どうし（または LUMO どうし）が相互作用する場合と，HOMO と LUMO が相互作用する場合の2通りが考えられる．HOMO どうしが相互作用すると，結合性軌道と反結合性軌道が形成され，おのおのの軌道に電子が2つずつ収容される．しかし，反結合性軌道の不安定化エネルギー（Δ^*）は結合性軌道の安定化エネルギー（Δ）よりも大きいため，この軌道相互作用はエネルギー的に不利となる．そのため，熱反応の場合は対象とする HOMO と LUMO が相互作用し，結合性軌道と反結合性軌道を形成すると考える．ブタジエンの HOMO とエチレンの LUMO から形成したヘキサトリエンの分子軌道を図 6.2(a) に示す．この際，ブタジエン部位とエチレン部位の隣接する波動関数の位相は結合性となるように，同位相で相互作用させる．末端の2つの π 軌道が σ 結合を形成し環化反応が進行するためには，末端の2つの π 軌道がお互いに逆方向に回転し，同

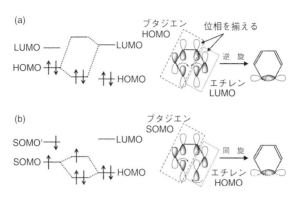

図 6.2　電子環状反応における（a）熱反応および（b）光反応の立体選択性

位相で相互作用する必要がある．このような動きを逆旋的（disrotatory）という．

　一方で，光反応の場合は，ブタジエン（またはエチレン）の一電子励起状態とエチレン（またはブタジエン）の基底状態との相互作用を考える．励起状態になった分子どうしが反応する確率は低いので，励起状態の分子と基底状態の分子の反応だけ考えればよい．HOMO の電子が 1 つ LUMO へ励起されたとき，分子軌道が電子によって半分占有された軌道が生じる．このような分子軌道を半占軌道（singly occupied molecular orbital：SOMO）という．一電子励起状態分子の SOMO と基底状態分子の HOMO（または SOMO′ と LUMO）が相互作用した場合，新たに形成される分子軌道のうち結合性軌道に電子が 1 つ多く収容される．この電子配置はエネルギー的に有利となるため，エネルギー準位の近いこれらの軌道間の相互作用が有効となる．いま，図 6.2(b) に示すように，ブタジエンの SOMO とエチレンの HOMO の相互作用を考える．隣接する SOMO と HOMO の軌道が結合性となるよう同位相で相互作用させると，

末端の2つのπ軌道は逆位相になる．2つのπ軌道を回転させてσ結合を形成するとき，2つのπ軌道の回転方向は等しく，これを同旋的（conrotatory）という．このように，電子環状反応では熱反応か光反応かによって結合軸の回転方向が変化するため，環状生成物の立体選択性が異なることが特徴の一つである．

6.3　ウッドワード・ホフマン則に基づく電子環状反応[55,56]

1964年にR. B. WoodwardとR. Hoffmannにより提唱されたウッドワード・ホフマン（Woodward–Hoffmann）則は，「反応の全過程を通じて分子軌道の対称性は保存される」という軌道対称性保存則を規定することで，ペリ環状反応の立体特異性をみごとに説明した[56,60]．ウッドワード・ホフマン則の理解には，まずは同旋的反応と逆旋的反応について対称性を定義する必要がある．ブタジエンを例に電子環状反応において2つのπ軌道がσ結合を形成する場合を考える．逆位相の2つのπ軌道が同旋的にσ結合を形成するとき，反応過程のいずれの段階でも，ブタジエンの中央を通る線を中心軸として分子を180°回転するともとの分子構造に重なる．つまり，同旋的反応ではC_2回転（2回回転）軸に対して分子の対称性が保たれている（図6.3(a)）．一方，同位相の2つのπ軌道が逆旋的にσ結合を形成する場合は，C_2回転軸を含み，ブタジエンを二分する鏡面に対して対称性が保たれている（$σ_v$対称性）（図6.3(b)）．この同旋的・逆旋的反応のおのおのの対称操作に対して，反応物であるブタジエンの4つの分子軌道と，生成物であるシクロブテンの4つの分子軌道の対称性が，対称（symmetric：S）か反対称（asymmetric：A）かに帰属する（図6.4）．たとえば，同旋過程ではブタジエンの最もエネルギーの低い分子軌道はC_2回転軸に

6.3 ウッドワード・ホフマン則に基づく電子環状反応　101

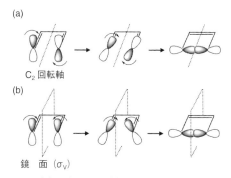

図 6.3 (a) 同旋過程，(b) 逆旋過程の対称性保存則

対して回転すると軌道の位相が反転するため反対称となる．続いて，軌道対称性保存則を満たすためにエネルギーの低い準位から順に同じ対称性の軌道どうしを線で結ぶ．この結ばれた分子軌道は，電子環状反応によって変化する軌道のペアを示している．このように作成した反応の前後における軌道間の相関を示す図を軌道相関図 (orbital correlation diagram) という．軌道相関図は，反応による分子のエネルギー変化を大まかに見積もることができる．たとえば，同旋的にブタジエンの環化反応が進行するとき，分子軌道はブタジエンの基底状態に寄与する φ_1, φ_2 から，生成物であるシクロブテンの基底状態に寄与する π, σ へと変化する（図 6.4(a)）．この場合，反応の前後でどちらも基底状態の電子配置となるため，反応には大きなエネルギーを必要としないことが予想できる．一方，図 6.4(b) に示す逆旋過程では，ブタジエンの基底状態において φ_2 に収容されていた2つの電子がシクロブテンの反結合性軌道である π^* へと遷移し，シクロブテンの二電子励起配置を形成するため，反応の進行には光などの大きなエネルギーを必要とすることがわか

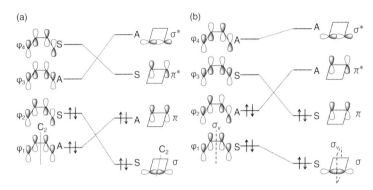

図 6.4　ブタジエン–シクロブテン反応の軌道相関図
(a) 同旋過程, (b) 逆旋過程.

る.さらに,反応前後における全電子から組み立てられる電子配置を用いて電子状態変化を表す状態相関図を作成することで,実際の環化反応の進行過程をより厳密に判断することができる.同旋過程の場合,ブタジエンの基底状態は,φ_1 と φ_2 に電子が2つずつ収容されているので電子状態を $\varphi_1^2\varphi_2^2$ と表記し,その対称性は $A^2 \times S^2 = S$（直積）となる.第一励起状態は,φ_1 に2つ,φ_2 と φ_3 に1つずつ電子が収容されているので $\varphi_1^2\varphi_2\varphi_3$ と表記され,対称性は $A^2 \times S \times A = A$ となる.以下,軌道に1電子しか収容されていない場合には,軌道の右肩に1と記さず,省略するものとする.同旋・逆旋過程についてブタジエンおよびシクロブテンの電子状態を記したものを図 6.5 に示す.前述したように同旋過程では,軌道相関図に基づくとブタジエンの基底状態 $\varphi_1^2\varphi_2^2$ はシクロブテンの基底状態 $\sigma^2\pi^2$ へと変化する.状態相関図ではそれらの電子状態を線で結ぶことで反応前後の電子状態変化が表される.続いて,励起状態について軌道相関図,状態相関図に基づいて考える.図 6.5(a) に示す同

6.3 ウッドワード・ホフマン則に基づく電子環状反応

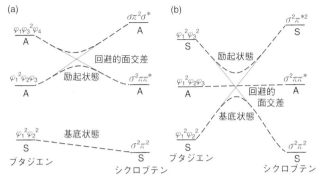

図 6.5 ブタジエン-シクロブテン反応の状態相関図
(a) 同旋過程，(b) 逆旋過程．

旋過程において，ブタジエンの一電子励起状態 $\varphi_1^2\varphi_2\varphi_3$ が環化反応を起こしてシクロブテンを生成するとき，軌道相関図に基づくと φ_1 軌道に収容されている 2 つの電子はシクロブテンの π 軌道へ収容される．同様に，φ_2 軌道に収容されている 1 電子は σ 軌道へ，φ_3 軌道に収容されている 1 電子は σ* 軌道へ収容される．よって，状態相関図では，ブタジエンの一電子励起状態 $\varphi_1^2\varphi_2\varphi_3$ とシクロブテンの $\sigma\pi^2\sigma^*$ 励起状態が線で結ばれる．同じように，状態相関図においてシクロブテンの第一励起状態 $\sigma^2\pi\pi^*$ はブタジエンの $\varphi_1\varphi_3^2\varphi_4$ 励起状態と結ばれることがわかるが，おのおのの電子状態を結ぶと 2 つの相関線が交差する．第 4 章で対称性が同じ電子状態は相互作用することで回避的面交差が生じることはすでに述べた．状態相関図でも同様であり，非交差則に従って同じ対称性を有する状態間の相関線は交わることができない．結果として，ブタジエンの環化反応が同旋的に進行する場合では，励起状態に大きなエネルギー障壁が生じるため，環化反応は基底状態で，すなわち熱反応で進行する．

同様のことを逆旋過程にも適用すると（図6.5(b)），基底状態に大きなエネルギー障壁が現れ，一電子励起状態 $\varphi_1{}^2\varphi_2\varphi_3$ からシクロブテンの $\sigma^2\pi\pi^*$ 状態へと変化することがわかる．$\sigma^2\pi\pi^*$ 状態は励起状態に留まらず基底状態へと失活することで基底状態のシクロブテンが生成される．よって，光反応によって逆旋的に環化反応が進行することが導かれる．

さて，ブタジエンと同様にヘキサトリエンについて反応選択性を考える．同旋的・逆旋的に反応が進行する場合について，対称軸（面）に対して分子軌道の対称性を定義し，同じ対称性の軌道どうしを結ぶことで軌道相関図を作成する（図6.6）．続いて軌道相関図を基に状態相関図を作成する．π電子の数が増えると励起状態のエネルギーを正確に予測することは困難であるが，ラマン分光に基

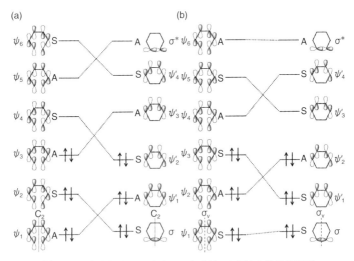

図6.6 ヘキサトリエン-シクロヘキサジエン反応の軌道相関図
(a) 同旋過程，(b) 逆旋過程．

づく実験結果よりシクロヘキサジエンの励起状態は図 6.7 のように予測されている [61]．状態相関図に基づき，どの電子状態から同旋的・逆旋的に反応が進行するか見ると，ブタジエンとは反対に，熱反応で逆旋的に，光反応で同旋的に環化反応が進行することが理

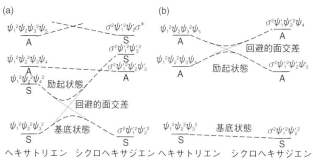

図 6.7　ヘキサトリエン–シクロヘキサジエン反応の状態相関図
（a）同旋過程，（b）逆旋過程．

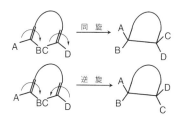

図 6.8　ウッドワード・ホフマン則に基づく電子環状反応の立体選択則

表 6.1　電子環状反応の立体選択則

π 電子数	熱反応	光反応
$4n+2$	逆　旋	同　旋
$4n$	同　旋	逆　旋

解できる．この結果はウッドワード・ホフマン則において最も重要な選択則であり，π電子数によって図6.8および表6.1のようにまとめられる．

6.4 状態相関図とポテンシャルエネルギー曲線

前節では，ブタジエンとヘキサトリエンの電子環状反応について，フロンティア軌道理論とウッドワード・ホフマン則に基づいて反応選択則を導いた．とくに，ウッドワード・ホフマン則の際に適用した状態相関図は，実際の電子状態と反応選択性を結びつける重要な概念であることを説明した．第4章で述べたように，現実の化学反応はPE曲線（面）に従って進行する．そこで，この節では状態相関図とPE曲線の関連を考える．図6.9に簡略化した電子環状

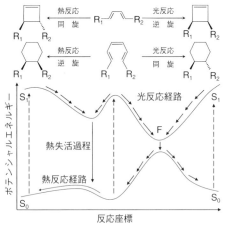

図6.9　電子環状反応のPE曲線 [44]

反応の PE 曲線を示す [44]．状態相関図から明らかなように，$4n$ 電子系（ブタジエン）の同旋過程および $4n+2$ 電子系（ヘキサトリエン）の逆旋過程は熱反応により進行する．これは，PE 曲線の中央から左への反応に相当し，基底状態には低い活性化エネルギー障壁しか存在せず容易に熱的に障壁を乗り越えられる．一方で，励起状態の活性化エネルギー障壁は高く閉環構造をとることはエネルギー的に不利となり，S_1 状態は他の失活過程（たとえば無輻射失活過程）により基底状態へと戻る．励起状態の高い活性化エネルギー障壁は，状態相関図において励起状態に回避的面交差が生じることとよく一致している．PE 曲線の中央から右への光反応に相当する $4n$ 電子系（ブタジエン）の逆旋過程および $4n+2$ 電子系（ヘキサトリエン）の同旋過程は，基底状態に大きな障壁が存在するのに対し，励起状態では座標 F へと向かう経路上には障壁が存在せず，F を通って容易に閉環構造へと変化する．すなわち，光励起された分子は PE 曲線に沿って緩和し，F において回避的面交差または円錐交差を経由することで環状反応が進行することを意味する．この座標 F は状態相関図において相関線の非交差が生じた位置によく対応しており，状態相関図は実際の反応経路における円錐交差の座標を予測するための重要な情報を与えていることが理解できる．

6.5 ジアリールエテンのフォトクロミズム

ジアリールエテンは光照射によって開環体と閉環体の間を相互に異性化するフォトクロミズムを示す．開環体は紫外領域にのみ吸収帯を有し無色であるが，閉環反応により両端のアリール基が共役することで ππ* 遷移に由来する吸収帯が新たに可視光領域に出現す

る．可視光領域の吸収帯はアリール基を変えることで調節可能であり，さまざまな色を呈する誘導体が合成できる［10b］．

　ジアリールエテンのフォトクロミック反応も電子環状反応に分類され，基本的にはヘキサトリエン–シクロヘキサジエン間の反応（$4n+2$ 系）として扱うことができる．ウッドワード・ホフマン則に従うと，熱反応は逆旋的に，光反応は同旋的に進行するが，ジアリールエテンは熱不可逆な P 型フォトクロミック分子であり，$4n+2$ 系の反応選択性のみでは熱不可逆性を説明することができない．ジアリールエテンの反応性は状態相関図を求めることで理解できる．実際に入江はモデル分子としてジフェニルエテンおよびジフリルエテンについて逆旋・同旋反応の状態相関図（図 6.10）を求めることで，熱不可逆なジアリールエテンの分子設計指針を得ている［1,62］．逆旋反応において，ベンゼン環やフラン環を導入したいずれの分子においても，軌道対称性の観点から基底状態での閉環反応は許容となる．しかし，閉環体のエネルギーが開環体と比較して 30〜40 kcal mol^{-1} も高く，室温の熱エネルギーが約 0.6 kcal mol^{-1} であることを考慮すると，逆旋反応は事実上進行しない．同旋反応では，状態相関図からわかるように基底状態では禁制，励起状態で許容となり，開環体・閉環体のどちらも光照射により反応が進行する．熱安定性を議論するうえでは，基底状態における閉環体から開環体への熱開環反応が重要となる．ベンゼン環とフラン環の場合を比較すると，フラン環の場合では閉環体が開環体に対して相対的に安定化し，ベンゼン環の場合よりも活性化エネルギー障壁が大きい（図 6.10(b)）．この結果から，閉環体と開環体のエネルギー差が小さくなると活性化エネルギー障壁が大きくなることがわかる．この関係はベル・エバンス・ポランニー（Bell–Evans–Polanyi）の交差モデル（BEP モデル）による PE 曲線によって一般化され，

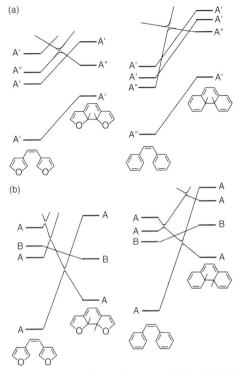

図 6.10 ジアリールエテンの (a) 逆旋, (b) 同旋反応の状態相関図 [1, 61]
既約表現 A, A′, A″, B についてはコラム 12 を参照.

反応物と生成物のエネルギー差と遷移状態のエネルギーの間には直線自由エネルギー関係が成立する (コラム 13) [63, 64]. また, 生成物のエネルギーが低下すると遷移状態の構造が反応原系へと近づく. このような遷移状態構造に関する知見はハモンド (Hammond) の仮説として知られている. ジアリールエテンの開環体・閉環体のエネルギー差は, 閉環反応に伴いアリール基の芳香族性が失われる

ことによる共鳴安定化エネルギーの変化量に大きく依存する.よって,芳香族性の小さいチオフェン環やフラン環の導入により開環体・閉環体のエネルギー差が小さくなり,熱不可逆なジアリールエテンのフォトクロミズムが達成される.

ジアリールエテンの状態相関図では開環体と閉環体の座標の中間位置に非交差点が存在するため,ジアリールエテンの励起状態には円錐交差が存在することが示唆される.ジアリールエテンの励起状態は量子化学計算や超高速時間分解分光法により詳細に検討されており [65],実際に S_1 状態に円錐交差が存在することが明らかとなっている(図 6.11).光励起されたジアリールエテンの開環体,閉環体は同一の励起状態 PE 曲面に従って緩和し,同じ円錐交差を経由して基底状態へと失活する.よって,円錐交差から閉環体を生成する割合を x とすると,開環体の生成割合は $1-x$ となる.ジアリールエテンの開環反応量子収率は一般的に 1% 以下と非常に小さく,開環反応量子収率の向上が一つの課題となっているが,開環量

コラム 11

軌道相互作用の原理

2つの原子軌道 χ_1, χ_2 が接近し相互作用する場合について軌道相互作用を考える.第2章で述べたように,原子軌道 χ_1, χ_2 のクーロン積分をそれぞれ,α_1, α_2,原子軌道 χ_1, χ_2 の重なり積分を S,共鳴積分を β とおくと,(2.34),(2.35) 式より永年方程式は

$$\begin{vmatrix} \alpha_1 - \varepsilon & \beta - \varepsilon S \\ \beta - \varepsilon S & \alpha_2 - \varepsilon \end{vmatrix} = 0$$

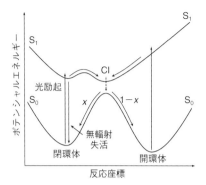

図 6.11 ジアリールエテンの PE 曲線 [63c]

子収率を向上させると閉環反応量子収率が減少してしまうことがジレンマとなっている．そこで近年では，二光子吸収反応により高位励起状態の PE 曲面を利用し，異なる励起状態から開環体と閉環体の反応を進行させることで，閉環・開環反応の量子収率をともに向上させる手法が提案されている [66]．

となり，このときのエネルギーは以下の連立方程式を解くことで求められる．

$$(1 - S^2)\varepsilon^2 - (\alpha_1 + \alpha_2 - 2S\beta)\varepsilon + (\alpha_1\alpha_2 - \beta^2) = 0$$

このとき，2 つの原子軌道が縮退している場合と，縮退していない場合で軌道相互作用を考える [1, 2]．

(a) 縮退している場合（$\alpha_1 = \alpha_2 = \alpha$）

このときの連立方程式の解は，(2.36) 式と同じになり，

$$\varepsilon_1 = \frac{\alpha+\beta}{1+S}, \quad \varepsilon_2 = \frac{\alpha-\beta}{1-S}$$

と求まる.共有結合距離付近では,$\beta < S\alpha$ が成り立つことが知られており[1],α からの安定化量(Δ)と不安定化量(Δ^*)を求めると,

$$\Delta = \alpha - \varepsilon_1 = \frac{S\alpha - \beta}{1+S} > 0, \quad \Delta^* = \varepsilon_2 - \alpha = \frac{S\alpha - \beta}{1-S} > 0$$

となり,Δ と Δ^* の大小関係は,

$$\Delta^* - \Delta = \frac{2S(S\alpha - \beta)}{1-S^2} > 0$$

と求まる.つまり,重なり積分 $S \neq 0$ より,不安定化量 Δ^* のほうが安定化量 Δ よりも大きくなることがわかる.また,重なり積分 S が大きくなるほど安定化量 Δ は大きくなる.これは,原子間で原子価電子の電子雲の間の重なりが最大となる方向に安定な化学結合が形成される「最大重なりの原理」として知られている.新たに形成される結合性軌道 ϕ_1 と反結合性軌道 ϕ_2 は以下のように求まる.

$$\phi_1 = \frac{1}{\sqrt{2(1+S)}}(\chi_1 + \chi_2), \quad \phi_2 = \frac{1}{\sqrt{2(1-S)}}(\chi_1 - \chi_2)$$

(b) 縮退していない場合($\alpha_1 \neq \alpha_2$)

上記の議論と同様に,縮退していない場合について安定化量(Δ)と不安定化量(Δ^*),および新たに形成される軌道を求めると($\alpha_1 < \alpha_2$ を考慮し,近似式 $\sqrt{1+u} \cong 1 + (1/2u)$ を用いる),

$$\Delta = \frac{(\beta - \alpha_1 S)^2}{(\alpha_2 - \alpha_1)(1-S^2)}, \quad \Delta^* = \frac{(\beta - \alpha_2 S)^2}{(\alpha_2 - \alpha_1)(1-S^2)}$$

$$\phi_1 \cong \chi_1 + \frac{\beta - \alpha_1 S}{\alpha_1 - \alpha_2}\chi_2, \quad \phi_2 \cong -\frac{\beta - \alpha_2 S}{\alpha_1 - \alpha_2}\chi_1 + \chi_2$$

$$0 < \frac{\beta - \alpha_1 S}{\alpha_1 - \alpha_2} \ll 1, \quad 0 < \frac{\beta - \alpha_2 S}{\alpha_1 - \alpha_2} \ll 1$$

となる.縮退していない場合,新たに生じるエネルギーの低い結合性軌道 ϕ_1 はもとのエネルギーの低い原子軌道 χ_1 を主成分にもち,エネルギーの高い反結合性軌道 ϕ_2 はもとのエネルギーの高い原子軌道 χ_2 を主成分にもつ.これらの結果から,以下の軌道相互作用の原理が導かれる.

[軌道相互作用の原理のまとめ(図)]
(1) 最大重なりの原理
 相互作用する軌道間の重なり積分 S が大きいほど,安定化量 Δ が大きくなる.
(2) 段違い相互作用則
 軌道相互作用により,低いエネルギー準位はさらに低く,高いエネルギー準位はさらに高くなる.
(3) 最小エネルギー差の原理
 軌道間のエネルギー差 ($\Delta E = \alpha_2 - \alpha_1$) が小さいほど相互作用が大きくなる.また,軌道相互作用により混合する軌道の係数 $(\beta - \alpha_1 S)/(\alpha_1 - \alpha_2)$ または $(\beta - \alpha_2 S)/(\alpha_1 - \alpha_2)$ より,ΔE が小さい場合は混合する軌道の割合が大きくなり,共有結合性が高くなる.逆に,ΔE が大きい場合は混合する軌道の割合が小さくなり,イオン結合性が大きくなる.

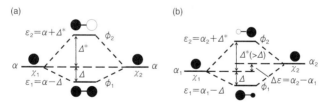

図 原子軌道 χ_1, χ_2 の軌道相互作用
(a) 縮退している場合,(b) 縮退していない場合.

(4) 最大共鳴積分の原理

共鳴積分 β の絶対値の値が大きいほど,相互作用が大きい.

(5) 軌道混合則

縮退している場合,新たに形成される分子軌道において,χ_1 と χ_2 の混合比率は等しい.

縮退していない場合,新たに形成される分子軌道において,χ_1 と χ_2 の混合比率は異なり,エネルギーの低い結合性軌道 ϕ_1 はもとの低準位軌道 χ_1 を主成

コラム 12

分子の対称性と群論

光吸収の選択則や状態相関図,固体中の分子配列を考えるうえで分子や分子軌道の対称性は重要な要素となってくる.多種多様な構造を有する分子について,系統的にそれらを分類し,きちんと取り扱うのが群論である.本コラムでは群論の基礎となる基本法則と指標表について解説する.

対称性を考えるうえで基本となる対称操作は,回転,鏡映,反転の3つである.ある軸のまわりに対して分子を回転させ,分子の形が元の形と重なるとき,これを線対称(または回転対称)という.回転操作は C_n で表され,n は回転角 $2\pi/n$ を意味する.分子をある面で分割し,面を挟んだ2つの構造が鏡合わせの構造になるとき,これを面対称という.面対称は記号 σ で表される.また,分子をある点に対して反転させたときに元の構造と重なることは点対称とよばれ,記号 i で表される.分子の対称性は基本的にこの3つの対称操作の組合せによって系統的に分類することができる [1].

点群(point group)とは,対称操作のつくる群のことをいう.水分子を例に,どのような対称要素を有し,どの点群に分類されるか見てみる.水分子は

分にもち,エネルギーの高い反結合性軌道 ϕ_2 はもとの高準位軌道 χ_2 を主成分にもつ.

[1] 友田修司:『基礎量子化学—軌道概念で化学を考える』,東京大学出版会 (2007).
[2] A. Rauk: "Orbital Interaction Theory of Organic Chemistry", John Wiley & Sons (2001).

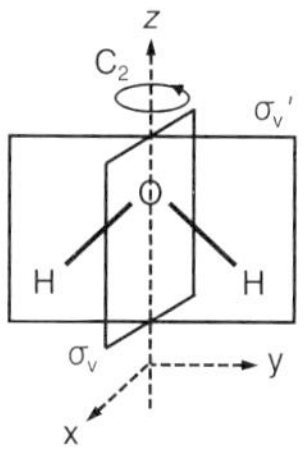

図1 水分子の対称要素

水素原子と酸素原子で二等辺三角形を形作っており,考えられる水分子の対称要素を図1に示す.最初に,回転軸と鏡映面を定義する.酸素原子を貫く軸に対して水分子を180°回転させると水分子は元の形に重なるため,二回回転軸 C_2 を有している.また,水分子はこの二回回転軸を含む鏡映面を2つ有しており,それぞれ σ_v, σ_v'(添え字 v は軸を含む鏡映面を意味する)と表記する.さらに,何もしないという恒等要素 E を加えて,水分子には計4つの対称要素がある.一般的に,C_n と n 個の σ_v をもつ点群は C_{nv} と表され,水分子は

表　C_{2v} の指標表

C_{2v}	E	C_2	σ_v	σ_v'	$h=4$
A_1	1	1	1	1	z
A_2	1	1	-1	-1	R_z
B_1	1	-1	1	-1	x, R_y
B_2	1	-1	-1	1	y, R_x

C_{2v} に分類される[1, 2]．点群には対応する指標表が存在し，どのような対称操作が存在するか詳細にまとめられている．たとえば，C_{2v} の指標表を表に示す．表の一番上の行には対称操作が並べてあり，分子が有する対称要素が一目瞭然となっている．一番左の列には既約表現とよばれる記号が示してある．通常，対称操作は行列で表され，ある基底ベクトルを定義し，座標 A に対して対称操作を施した際の移動後の座標 A′ は表現行列で示される．たとえば，xy 平面上の座標 A(x, y) に対して，yz 面に対し鏡映した座標 A′(x′, y′) は，

$$\begin{bmatrix} x' \\ y' \end{bmatrix} = \begin{bmatrix} -1 & 0 \\ 0 & 1 \end{bmatrix} \begin{bmatrix} x \\ y \end{bmatrix}$$

で表される．既約表現とは，この表現行列がこれ以上分解（簡約）できない表現のことをさす．表中の 1 や−1 は指標とよばれ，対称操作に対して対称なものを 1，反対称なものを−1 で表す．既約表現 A は主軸の回転操作に対して対称な場合，B は反対称な場合を表す．また，水平面の鏡映に対して符号を変え

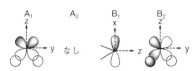

図2　水の分子軌道の既約表現

ないものには「′」を，符号が逆転するものには「″」をつける．表中の$h=4$は対称要素の総数を，その列のx, y, zは座標軸自体がどの既約表現に含まれるかを，R_x, R_y, R_zはそれぞれの軸まわりでの回転操作がどの既約表現に含まれるかを示している．分子軌道は必ずどれかの既約表現に属しており，水分子の分子軌道の既約表現は図2のようになる．

ある電子配置を表す波動関数は，電子が収容されている分子軌道の積（ハートリー積）で表されるように，電子状態の既約表現はそれぞれの軌道の波動関数の既約表現の積で表される．直積はそれぞれの対称要素に対する指標の積で表し，たとえば，A_1とA_2のそれぞれの指標の積はA_2の指標となるので，$A_1 \times A_2 = A_2$となる．同様に，$A_2 \times B_1 = B_2$，$B_1 \times B_2 = A_2$のように直積を求めることができる．

[1] 中崎昌雄：『分子の対称と群論』，東京化学同人（1973）．
[2] 馬場正昭：『基礎 量子化学 量子論から分子をみる』，サイエンス社（2004）．

コラム 13

BEP モデルとハモンドの仮説

化学反応のポテンシャルエネルギー曲線は，反応物と生成物のポテンシャルエネルギー曲線の重ね合わせで近似的に表すことができ，このようなモデルはベル・エバンス・ポランニーの交差モデル（BEP モデル）とよばれる [1, 2].

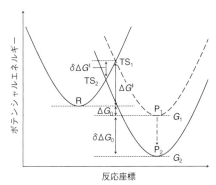

図　BEP モデルと直線自由エネルギー関係

コラム 14

ジアリールエテンの応用展開

ジアリールエテンは結晶状態でも良好なフォトクロミズムを示す珍しい分子の一つである．ジアリールエテンは光照射によって開環体と閉環体を行き来するが，分子構造に注目すると，閉環体は開環体に比べて平面性が高く分子体積が小さい．そのため，分子が密に並んでいる結晶では，フォトクロミズムに

ポテンシャルエネルギー曲線を調和振動子として近似した図を示す．ポテンシャルエネルギー曲線が交差した点は反応の遷移状態（TS）を表し，反応物と遷移状態の間のエネルギー差 $\Delta G^{\ddagger}$ は反応の活性化エネルギーを表す．生成物のエネルギーがポテンシャルを変化させずに G_1 から G_2 へと安定化すると，遷移状態のエネルギーもそれに応じて安定化し，$\Delta G^{\ddagger}$ も減少する．$\Delta G^{\ddagger}$ の減少は反応速度の増大につながる．このときのエネルギー変化量 $\delta\Delta G^{\circ}$ と $\delta\Delta G^{\ddagger}$ には比例関係が成り立ち，この関係は直線自由エネルギー関係とよばれる．

また，生成物の安定化に伴い，遷移状態の座標が反応物側へ移動していることがわかる．つまり，遷移状態の分子構造は反応物と生成物のエネルギーの高いほうの分子構造に似ている．このような考えはハモンド（Hammond）の仮説とよばれ，上記の直線自由エネルギー関係と合わせることで，「より発熱的な反応の速度定数は大きく，その遷移状態の分子構造は反応物に近い」という一般則が生まれる [2]．

[1] 奥山 格, 山高 博：『有機反応論』, 朝倉書店 (2005).
[2] F. A. Carey, R. J. Sundberg："Advanced Organic Chemistry Part A：Structure and Mechanisms", Springer (2007).

伴って結晶も収縮や伸長することが期待できる．実際に小畠・入江らは，ジアリールエテンの棒状結晶の片面から光を照射すると，結晶表面の分子が反応することで結晶が収縮し，光を照射した方向に向かって屈曲する現象を見いだした（図1(a)）[1, 2]．さらに近年では，光照射によって段階的に変化する結晶や，らせんを巻く結晶など，さまざまな光屈曲挙動が発見されている．このような光誘起結晶アクチュエーターは電極を必要としないことから，光学分野の

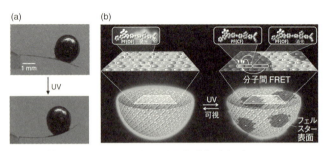

図1 (a) ジアリールエテン結晶の光屈曲 [1], (b) ジアリールエテンナノ粒子の非線形蛍光スイッチ [3]

みならずロボット分野, バイオ分野などへの応用が期待されている.

光で蛍光の ON, OFF が可能な光スイッチ分子は, 一分子計測分野や後述の超解像顕微鏡への応用が期待されており, 精力的な研究が行われている. ジアリールエテンは開環体と閉環体で電子状態が大きく異なり, 繰り返し耐久性も高いことから, 蛍光スイッチ分子としてとくに注目を集めている. たとえば, ジアリールエテンに凝集誘起発光 (aggregation-induced emission : AIE) を示すベンゾチアジアゾールを導入すると, 開環体では蛍光が放出されるのに対し, 閉環体では放出されない [3]. これは, 閉環体の吸収スペクトルと蛍光色素であるベンゾチアジアゾールの蛍光スペクトルがエネルギー的に良好な重なりを有し, ベンゾチアジアゾールの励起状態から閉環体へフェルスター共鳴エネルギー移動 (Förster resonance energy transfer : FRET) が起こっているためである. このジアリールエテンをナノ粒子化すると, 分子間でFRETが起こることで非線形蛍光スイッチが達成される (図1(b)). ナノ粒子内で数個の分子が異性化するだけで蛍光強度が大きく減少するため, 従来の蛍光スイッチ分子よりも高効率かつ高コントラストな蛍光イメージが得られることが期待できる. さらに, ジチエニルエテンのベンゾチオフェンを酸化することによって閉環体でのみ蛍光を放出する turn-ON 型の光スイッチ分子が報告されている

[4]．通常，P型フォトクロミック分子は可逆的な異性化に2種類の励起光源を必要とするが，この分子では，吸収スペクトル端のわずかな吸収を利用することで単一波長の励起光で可逆な蛍光スイッチが可能であることが報告されている．

蛍光顕微鏡は，その簡便さから材料や生体イメージング研究において欠かせないツールとなっている．しかし，通常の蛍光顕微鏡では光の回折限界により波長の約半分程度の大きさ（200 nm）までしか正確な物質の大きさを観察できず，とくに生体関連分野において多くの細胞小器官の微細構造を観察することができないことが課題となっていた．そこで，近年ではSTED（stimulated emission depletion）顕微鏡，PALM（photo-activated localization microscopy），STORM（stochastic optical reconstruction microscopy）など，光の回折限界を超えた空間分解能を実現する超解像顕微鏡技術が確立され，2014年にはノーベル化学賞が授与された [5-7]．超解像顕微鏡では上述したような蛍光を光スイッチ可能な分子が蛍光プローブとして用いられており，ジアリールエテンをはじめ，多くのフォトクロミック分子の研究対象となっている．STED顕微鏡は誘導放出（stimulated emission）とよばれる非線形光学現象を利用した顕微鏡技術である．光の回折限界付近の大きさの蛍光スポットに対して中心に穴の開いたドーナツ形の誘導放出光を照射し，蛍光スポットの辺縁部を強制的に励起状態から基底状態へ遷移させることでスポットの中心のみ観察できる（図2(a)）．誘導放出のみでなくフォトクロミック反応により蛍光をOFFにすることも可能であり，このドーナツ光を観察したい対象に対して走査することで超解像イメージが得られる．一方，PALMやSTORMでは，視野内の蛍光分子を微弱な光で数個ずつ発光させ，得られた発光スポットを二次元ガウス（Gauss）関数でフィッティングすることで，蛍光強度が最も大きい位置（分子の位置）を決定する（図2(b)）．光照射を続けることで分子を退色させるか，ふたたびOFF状態へとスイッチして別の分子を確率的にONにすることで他の分子の位置を決定する．この操作を数千から数万回繰り返すことによって全分子の位置を特定し，画像処理によって合成することで超解像イメージが構築できる．こ

れらの超解像顕微鏡は三次元観察やマルチカラー観察も可能であり，これまで観察できなかった細胞内の構造体が次々と明らかにされている．

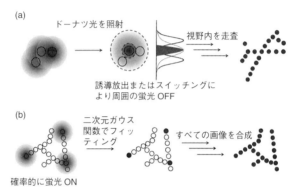

図2　超解像顕微鏡の概念図
(a) STED 顕微鏡（共通点顕微鏡），(b) PALM, STORM（広視野顕微鏡）.

[1] M. Irie, T. Fukaminato, K. Matsuda, S. Kobatake : Chem. Rev., **114**, 12174 (2014).
[2] 入江正浩, 関 隆広 監:『フォトクロミズムの新展開と光メカニカル機能材料』, シーエムシー出版 (2011).
[3] J. Su, T. Fukaminato, J.-P. Placial, T. Onodera, R. Suzuki, H. Oikawa, A. Brosseau, F. Brisset, R. Pansu, K. Nakatani, R. Métivier : Angew. Chem. Int. Ed., **55**, 3662 (2016).
[4] R. Kashihara, M. Morimoto, S. Ito, H. Miyasaka, M. Irie : J. Am. Chem. Soc., **139**, 16498 (2017).
[5] T. A. Klar, S. Jakob, M. Dyba, A. Egner, S. W. Hell : Proc. Natl. Acad. Sci. U.S.A., **97**, 8206 (2000).
[6] E. Betzig, G. H. Patterson, R. Sougrat, O. W. Lindwasser, S. Olenych, J. S. Bonifacino, M. W. Davidson, J. Lippincott-Schwartz, H. F. Hess : Science, **313**, 1642 (2006).
[7] M. J. Rust, M. Bates, X. Zhuang : Nat. Method., **3**, 793 (2006).

第7章

結合解離反応

7.1 結合解離を伴うフォトクロミック化合物

σ結合の解離を伴うフォトクロミック化合物はスピロピラン，スピロオキサジン，ナフトピラン，ヘキサアリールビイミダゾール (HABI) など，多数の化合物が報告されており（図1.3参照），第5章，第6章で取り扱った化合物群と同様にフォトクロミズムを理解するうえで重要である．一般に，σ結合の解離（または開裂）過程は2種類ある．共有電子対の電子を1つずつ分け合って開裂する過程をホモリシス（均等開裂，homolysis）といい，共有電子対がどちらか一方の原子に偏って開裂する過程をヘテロリシス（不均等開裂，heterolysis）という（図7.1）．ホモリシスではラジカル対を生成する一方，ヘテロリシスではイオン対（カチオンとアニオン）を生成する．1分子内にラジカル対をもつ化合物をビラジカル（biradical）といい，また1分子内にイオン対をもつ化合物を双性イオ

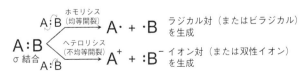

図7.1 ホモリシスとヘテロリシス

ン（または両性イオン，zwitterion）という．たとえば，スピロピランは紫外光照射に伴うヘテロリシスにより双性イオンを生成するのに対し，HABI はホモリシスによりラジカル対を生成する（図 1.3 参照）．これらのフォトクロミック反応における結合解離過程を理解するためには，反応過程を表す PE 曲線を理解する必要がある．この章では，光励起によって起こる結合解離反応の基本的性質を説明するとともに，結合解離型フォトクロミック化合物の特徴的な光反応について PE 曲線を用いて説明する．

7.2 水素分子の結合解離過程

最も単純な等核二原子分子である水素分子を用いて，結合解離過程の基本的な特徴を考える [44, 67]．二原子分子は分子構造を決めるパラメータが核間距離のみであるため（自由度が 1），PE 曲線の横軸は核間距離となり，PE 曲線（図 2.1 参照）の概念を直感的に理解しやすい．

図 7.2(a) に水素分子のエネルギー準位図を示す．2 つの水素原子の 1s 軌道が相互作用すると，結合性分子軌道である σ 軌道と反結合性分子軌道である σ^* 軌道を形成する．相互作用する原子軌道どうしの重なりが大きいほど結合性分子軌道は安定化し，逆に反結合性分子軌道は不安定化する．図 7.2(a) において，α, β, S はそれぞれクーロン積分（< 0），共鳴積分（< 0），重なり積分（< 1）である．水素原子の 1s 軌道エネルギーは α であり，1s 軌道エネルギーからの安定化量および不安定化量をそれぞれ Δ, Δ^* とすると，以下のように求められる（コラム 11 参照）[57]．

$$\Delta = \alpha - \frac{\alpha+\beta}{1+S} = \frac{S\alpha-\beta}{1+S}, \quad \Delta^* = \frac{\alpha-\beta}{1-S} - \alpha = \frac{S\alpha-\beta}{1-S} \quad (7.1)$$

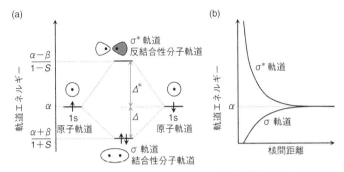

図 7.2 (a) 水素分子のエネルギー準位図および (b) 軌道エネルギーと核間距離との関係

一般に，2 つの原子軌道間の軌道相互作用においては，共有結合付近で $\beta < S\alpha$ が成り立つことから，$\Delta^* - \Delta$ は正になる．

$$\Delta^* - \Delta = \frac{2S(S\alpha - \beta)}{1 - S^2} > 0 \qquad (7.2)$$

つまり，軌道の不安定化量 Δ^* のほうが安定化量 Δ よりも大きくなる．核間距離が増大すると原子軌道間の重なりが減少するため，σ 軌道と σ* 軌道のエネルギー差は小さくなる．したがって，原子間距離が十分離れると，分子軌道は形成されずに 2 つの縮退した水素原子の 1s 軌道となる（図 7.2(b)）．

水素分子の σ 軌道と σ* 軌道を 2 つの電子が占有する組合せは 4 通りあり，一重項状態としてエネルギーの低い順から S_0, S_1, S_2 状態，三重項状態として T_1 状態が存在する（図 7.3(a)）．2 つの電子間には，静電気的な反発エネルギーを生じるクーロン相互作用がはたらくが，平行スピン間には，クーロン相互作用に加えて量子力学に特有な交換相互作用がはたらく．したがって，2 つの電子のスピンが平行な三重項状態のエネルギーは，反平行な一重項状態と比

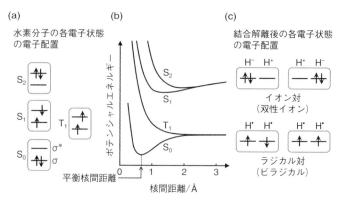

図7.3 (a) 水素分子の電子配置，(b) PE 曲線および (c) 結合解離後の電子配置

べて，交換相互作用に相当するエネルギー分だけ安定になる［36, 68］．これが，フント（Hund）則の起源である．すなわち，縮退した軌道（原子軌道あるいは分子軌道）に電子を配置する場合，許されるかぎり，スピンを平行にして異なる軌道に配置される．

前述したように，核間距離を十分に離したときには，もはや分子軌道は形成されず，2つの原子軌道として考えることができる．そのような電子状態としては，図7.3(c) に示した4通りの電子配置が考えられる．縮退した2つの1s軌道に電子がそれぞれ1つずつ収容された電子配置は，ラジカル対またはビラジカルに対応する．一方，1つの1s軌道に2つの電子が収容された電子配置は，イオン対または双性イオンに対応する．ラジカル対と比べて，イオン対の電子間には大きなクーロン反発（オンサイトクーロン反発）がはたらくため，エネルギー的に不安定になる．

図7.3(b) に水素分子の PE 曲線を示す［67］．平衡核間距離においては，S_0 状態は結合性軌道に2つの電子が収容されることによ

り大きな安定化エネルギー（2Δ）を獲得するが，S_0 状態にある水素分子の水素原子どうしを十分に引き離すと，2 つの反平行スピンをもつラジカル対の電子状態（一重項ビラジカル）となる．また，水素分子の T_1 状態は 2 つの平行スピンをもつラジカル対の電子状態（三重項ビラジカル）に対応し，エネルギーの高い S_1, S_2 状態はそれぞれイオン対（双性イオン）の電子状態に対応する．T_1 状態は結合性軌道と反結合性軌道に 1 つずつ電子が収容されるため，不安定化量 Δ^* のほうが安定化量 Δ よりも大きい．そのため，核間距離の増大に伴い重なり積分が減少すると，結合性軌道と反結合性軌道のエネルギー差が減少し，不安定化量も小さくなる．つまり，T_1 状態の PE 曲線は，核間距離の増大に伴い単調に減少する．2 つの原子核が十分に離れると重なり積分がゼロになり，結合性軌道と反結合性軌道のエネルギーが等しくなるため，T_1 状態のエネルギーは S_0 状態のエネルギーと等しくなる．核間距離の増大に伴い単調に減少する PE 曲線は，結合解離を自発的にひき起こすことから解離型 PE 曲線（dissociative potential energy curve）とよばれる．光励起による結合解離は，おもに解離型 PE 曲線に沿って起こる．同様の考え方を S_1, S_2 状態にも適用すると，T_1 状態と同様に解離型 PE 曲線となることが考えられるが，実際には浅い極小値をもつ PE 曲線となる．これは，S_1, S_2 状態からの結合解離によって生成するイオン対には静電引力がはたらき，ある核間距離で安定化するためである．

　水素分子では，イオン対がラジカル対よりもエネルギー的に不利であるため，T_1 状態の解離型 PE 曲線に従ってホモリシスが支配的に起こる．一方，溶液中の多原子分子ではイオン対構造が溶媒によって安定化されるため，ヘテロリシスを起こす可能性が相対的に高くなる．その一例として，スピロピランが挙げられる．スピロピ

ランのフォトクロミック反応の詳細は，7.4 節で述べる．

7.3 結合解離とポテンシャルエネルギー曲線

この節では多原子分子の PE 曲線を概念的にとらえ，3 種類に分類して結合解離過程を考える（図 7.4）．第 2 章で述べたように，分子のポテンシャルエネルギーは近似的に二次関数で表すことができる（調和振動子近似）．基底状態と励起状態の PE 曲線が図 7.4(a) のような関係になっている場合には，光エネルギーを吸収して励起状態に遷移した分子は，励起状態の最安定構造を経由して基底状態に緩和するため結合解離反応は起こらない．一方，結合解離を伴う化学反応の場合，解離型 PE 曲線に直接遷移するか，または直接遷移した励起状態の PE 曲線から解離型 PE 曲線へ乗り移ることで結合解離が起こる．これらのような光反応機構では，結合解離過程に活性化エネルギー障壁が存在しないため，結合解離反応が高効率に進行する（図 7.4(b)）．解離型 PE 曲線が最低励起状態よりも高い準位にある場合（図 7.4(c)），2 つの PE 曲線が交差する座標にお

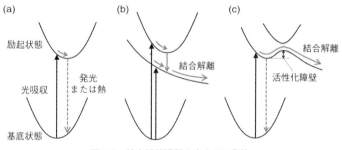

図 7.4 結合解離過程を表す PE 曲線
(a)〜(c) については本文参照．

いて回避的面交差（第4章参照）が生じる．その結果，もとの励起状態のPE曲線から回避的面交差を経由して解離型PE曲線に移り，結合解離が起こる．このようにエネルギー極小点を有するPE曲線から，解離型PE曲線に乗り移って結合解離することを前期解離（predissociation）という．前期解離では，結合解離過程に活性化エネルギー障壁が存在するため，結合解離反応効率の低下，および反応速度の温度依存性が見られる場合がある．

図7.5に結合解離を伴うフォトクロミック反応のPE曲線の概念図を示す．この図は熱的に安定な無色体の基底状態と最低励起状態，および準安定な着色体の基底状態の3つのPE曲線を調和振動子型ポテンシャルとして近似し，それぞれのPE曲線が交差しないよう曲線でつなげたものである．PE曲線が交差しないのはノイマン・ウィグナーの非交差則とよばれ（4.1節参照），厳密には同じ対称性のPE曲線にのみ適用される．この概念図より，中間体を生成しない結合解離型フォトクロミック反応では，結合解離後に生成する着色体の基底状態のPE曲線が解離型PE曲線に対応することがわかる．また，無色体と着色体の基底状態のPE曲線が交差する

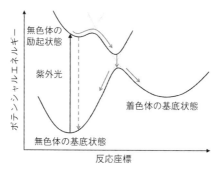

図7.5　結合解離型フォトクロミック反応のPE曲線

座標に円錐交差や回避的面交差が生じることもわかる．図7.5のPE曲線は1つの反応座標に対して描いているが，実際には複数の反応座標が関わるPE曲面を用いて考える必要がある．

次節からは，σ結合の解離を伴うフォトクロミック化合物の代表例として，スピロピランやナフトピラン，およびHABIや架橋型イミダゾール二量体などのフォトクロミズムをPE曲線の観点から考える．

7.4 スピロピランおよびナフトピランのフォトクロミズム

スピロピランやナフトピランなどは1つのsp^3炭素原子（スピロ炭素）が2つの直交した環に共有された構造をもつスピロ化合物であり，紫外光照射により，スピロ炭素原子と酸素原子間のC–O結合が解離して着色体を生成する（図7.6）[1]．さらに，ナフトピランでは生成した着色体は，光照射によって図7.6の①の二重結合に関してシス-トランス異性化反応が起こり，幾何異性体であるトランソイド-シス（TC）体とトランソイド-トランス（TT）体を生成する．ナフトピランの着色体は中性構造で表されるのに対して，スピロピランの着色体は双性イオン構造として表され，おもにTTC体，TTT体からなる複数の異性体が生成する．

スピロピランやナフトピランは400 nmよりも短波長の紫外光に感度をもち，σ結合が解離してフォトクロミック反応を起こす．この紫外光のエネルギーはπ結合を開裂するのに必要なエネルギー（5.2節参照）と同等である．その一方で，成層圏におけるフロンガスのラジカル解離反応などのσ結合の解離を伴う光化学反応では，紫外光のなかでもより高いエネルギーの光（＜ 300 nm）を必要とする．

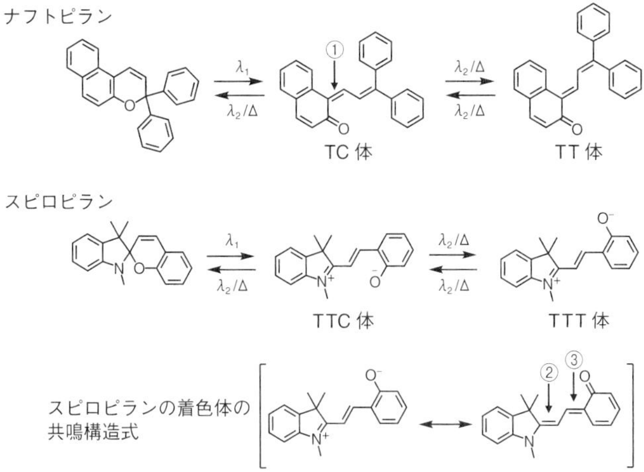

7.4 スピロピランおよびナフトピランのフォトクロミズム　*133*

図 7.6 ナフトピランとスピロピランのフォトクロミズム
①〜③については本文参照.

　スピロピランやナフトピランをはじめとする多くのフォトクロミック化合物は，紫外光のなかでも比較的エネルギーの低い光でσ結合を解離できる．これは，スピロ炭素原子特有の軌道相互作用により，ππ* 遷移によって生成する励起状態から前期解離（図 7.4(c)）が起こるためである [1, 69]．たとえばスピロピランでは，スピロ炭素原子の隣の窒素原子の非共有電子対（n_N 軌道）とC−O 結合の反結合性軌道（σ^*_{C-O}）が空間を介して相互作用することにより，新たな混成軌道を形成する（図 7.7(a)）．反結合性軌道の性質をもつ混成軌道に電子が収容される結果，C−O 結合が弱まり，無色体の基底状態と励起状態のC−O 結合長が伸長する．具体的には，一般的な sp^3 炭素原子の場合はC−O 結合長が 141〜143 pm であるのに対し，スピロ炭素原子の場合はC−O 結合長が 145〜150 pm 程度まで伸長する．C−O 結合の伸長は無色体の PE 曲線を結合解離

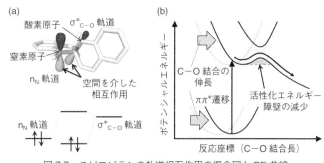

図 7.7 スピロピランの軌道相互作用の概念図と PE 曲線

側にずらすため，前期解離の活性化エネルギー障壁が下がり，$\pi\pi^*$ 遷移を経由した σ 結合の解離が可能となる（図 7.7(b)）．

スピロピラン，ナフトピラン系化合物のフォトクロミズムは図 7.8 の PE 曲線を用いて定性的に理解できる．スピロピランは誘導体によっては T_1 状態を介した結合解離過程が報告されているが [70]，ここでは簡便のため S_1 状態からの解離過程のみを考える．スピロピラン，ナフトピラン系化合物のフォトクロミズムは，(1) 光開環-閉環反応と，(2) 着色体のシス-トランス異性化反応の 2 つの異なる光反応の組合せによって表される．(1) の PE 曲線の反応座標はおもに C−O 結合間の結合距離であり，(2) では二重結合の回転角である．つまり，厳密には (1)，(2) の PE 曲線は二次元曲面として描く必要がある．光励起された無色体は，(3) 励起状態から着色体の基底状態の PE 曲線に乗り移って前期解離が起こり，(4) 円錐交差（または回避的面交差）を通って熱力学的に不安定な CC 体，および CCC 体を経由して着色体を生成する．フォトクロミック反応効率は前期解離過程における活性化エネルギー障壁の大きさと (4) が円錐交差か回避的面交差かによって決まるが，円錐

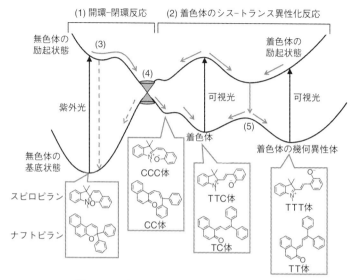

図7.8 スピロピランとナフトピランのPE曲線
(1)〜(5)については本文参照.

交差のほうが高い効率で反応が進行する[67]. 生成した着色体は, 二重結合部位のシス-トランス異性化反応により複数の幾何異性体を生成する. 図7.6に示したように, スピロピランの②, ③の結合は双性イオン構造では単結合であるため, 共鳴構造式において②, ③の結合は二重結合性が低下する. その結果, (5)の活性化エネルギー障壁が小さくなり, スピロピランでは室温溶液状態で数ミリ秒以内に複数の幾何異性体が熱平衡状態に達する[71]. 一方, ナフトピランではこのような双性イオン構造の寄与がないため, (5)の活性化エネルギー障壁が高い. そのため, TC体がさらに光を吸収して生成するTT体は熱的に安定であり, 室温で消失するまでに数時間以上かかるものもある. TT体の遅い熱戻り反応は調光レンズ

などへの産業応用において大きな問題となっており，TT 体の生成を抑制するさまざまな試みがなされている（コラム 16 参照）．図中の PE 曲線では，TT 体の励起状態から無色体への直接的な異性化過程を描くことはできないが，実験的にはその過程が観測されており，より詳細な議論には PE 曲面を用いて反応機構を考える必要がある．

スピロピランの着色体の双性イオン構造は，溶媒の極性が高いほど安定化するため，色や熱戻り反応速度など，スピロピランのフォトクロミック特性は溶媒の極性に依存する（ソルバトクロミズム）．高極性溶媒であるジメチルスルホキシド中などでは，着色体が無色体よりも安定化するため，可視光照射によって安定な着色状態から準安定な消色状態へ変化する逆フォトクロミズムを示す [23, 72]．また，双性イオン構造は反応性が高いため，一般にスピロピランのフォトクロミック反応は繰り返し光耐久性が低い．一方，スピロオキサジンは双性イオン構造をとらず（図 1.3 参照），かつ一般にオキサジン骨格の耐久性が高いため，スピロオキサジンは繰り返し光耐久性が高い [1]．また，ナフトピランも同様に双性イオン構造をもたず，溶媒依存性が比較的低いため，繰り返し光耐久性が高い．このような特性により，ナフトピランは産業用の調光レンズ材料として成功を収めている．

7.5 ラジカル解離型フォトクロミック化合物のフォトクロミズム

HABI は紫外光照射により 2 つのイミダゾール環を繋ぐ C−N 結合が均等解離して 2 つのトリフェニルイミダゾリルラジカル（TPI•）を生成する [17]（図 1.3 参照）．TPI• は室温空気下の溶液中でも比

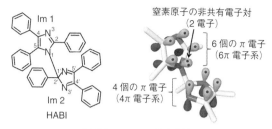

図 7.9　HABI の電子状態

較的安定である．溶液中では，2 つのラジカルは拡散し，ふたたび出合うことにより再結合してもとのイミダゾール二量体へと戻る．つまり，この再結合反応は，光照射によって生成するラジカルの初期濃度に依存する二次反応の反応速度式に従い，室温では完全消色まで数分以上を必要とする．HABI の 2 つのイミダゾール環は異なる電子状態を有しており，イミダゾール環を構成する 5 つの原子がすべて sp^2 混成軌道を形成し，窒素原子の非共有電子対が π 共役に寄与する 6π 電子系のイミダゾール環（Im1）と，2 位の炭素原子が sp^3 混成，残りの 4 つの原子が sp^2 混成軌道を形成する 4π 電子系のイミダゾール環（Im2）からなる（図 7.9）．イミダゾール二量体の HOMO と LUMO はそれぞれ Im1 と Im2 に分布している．S_1 状態への遷移におもに寄与する HOMO–LUMO 遷移は，Im1 から Im2 への電子遷移である．Im1 から Im2 へと電子が移動すると，2 つの 5π 電子系のイミダゾール環が生成する．結合解離後に生成する TPI• も同じ 5π 電子系であることから，HOMO–LUMO 遷移で生成した S_1 状態と，結合解離後に生成する TPI• の電子状態は相関しており，2 つの状態を結ぶ PE 曲線が存在することが示唆される．また HABI の LUMO は C–N 結合が非結合性，または反結合性軌道になっていることから，LUMO に電子が励起されることにより，C–

N 結合長が伸長して結合解離方向へと構造が変化する．実際に，200 fs のパルスレーザーを用いた超高速分光測定により，HABI から TPI• を生成する反応過程を検討すると，TPI• はレーザー照射後に 80 fs の時定数で生成し，さらに光反応量子収率はほぼ 1 であることから，励起状態は解離型ポテンシャルの形状であることが示唆された [73]．しかし，2 つのイミダゾール環は空間的に直交しているため，HOMO と LUMO の重なり積分が小さく，HOMO-LUMO 遷移は禁制となる．これらの理由により HABI のフォトクロミック反応では，ππ* 遷移などの許容遷移によって高電子励起状態へと遷移した後，S_1 状態に失活することで，結合解離反応が進行していると考えられる（図 7.4(b)）．

　HABI の熱戻り反応速度は系中のラジカルの拡散に依存することから，2 つのラジカルを架橋基によって固定すれば，架橋基の種類によって熱戻り反応速度を制御できると考えられる．この考えのもと，筆者らはさまざまな架橋基を用いて，2 つのラジカルの拡散を抑えた架橋型イミダゾール二量体を開発した [18]．HABI の熱戻り反応時間が数分以上であったのに対し，架橋型イミダゾール二量体の熱戻り反応時間は数十ナノ秒から 1 秒以内の時間領域で調節できる．HABI の熱戻り反応過程は分子間ラジカル再結合反応であり，二次反応で進行する．一方，架橋型イミダゾール二量体の着色体の熱戻り反応は分子内ラジカル再結合反応であることから，初期濃度に依存しない一次反応である．架橋基の影響は PE 曲線では以下のように理解される．HABI の結合解離過程の PE 曲線は，水素分子の解離型ポテンシャルと同様に考えることができ，ラジカルどうしが十分に離れたとき，PE 曲線はほぼ水平になる（図 7.10(a)）．つまり，ラジカルは系中を自由に拡散する．このときの熱戻り反応過程は，ラジカルの拡散過程と，出合ったラジカルが衝突して活性化

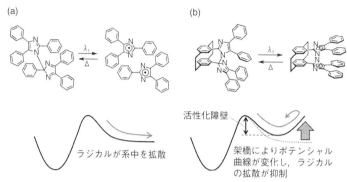

図7.10 HABIおよび架橋型イミダゾール二量体のフォトクロミック反応(上)とフォトクロミック反応における基底状態のPE曲線(下)
(a) HABI, (b) 架橋型イミダゾール二量体.

エネルギー障壁を乗り越える過程によって表される.HABIの着色体の熱戻り反応過程は,活性化エネルギー障壁を越えるのに要する時間よりもラジカルの拡散時間のほうが十分に長いため,二分子反応である二次反応の反応速度式に従う.一方,架橋型イミダゾール二量体では,生成する2つのラジカルは架橋基により固定されるため,安定構造を有する1分子のビラジカルとして振る舞う.つまり,結合解離後のPE曲線は放物線型となり,ラジカルの拡散が抑制される(図7.10(b)).よって,架橋型イミダゾール二量体の着色体の熱戻り反応は,活性化エネルギー障壁を乗り越える過程のみに依存し,一次反応の反応速度式に従う.

ヒトの眼の応答時間は数十ミリ秒程度であるため,眼の応答速度よりも速いフォトクロミック反応では着色を目視で確認できない.逆にフォトクロミック反応速度を眼の応答速度よりもわずかに遅くすれば,高速に変化する着色消色現象として見える.架橋型イミダゾール二量体はミリ秒スケールのフォトクロミック反応を実現でき

る数少ないフォトクロミック化合物である．近年では，これらの材料を用いた次世代立体映像技術である実時間ホログラム［74］や

コラム15

結合解離過程の実時間測定

ストロボ撮影は，暗い中でカメラのストロボを発光させることにより，素早い物体の動きを鮮明にとらえる撮影方法である．ストロボライトが発光する時間が物体の動きをとらえられる速さの限界であり，市販のストロボライトの発光時間は数マイクロ秒程度である．このストロボ撮影のストロボライトをパルスレーザーに置き換え，光励起後の化学反応をストロボ撮影のように測定する手法がポンプ・プローブ分光とよばれる測定手法である．1980年代，化学結合の解離や形成過程を実時間で解明することは科学者の大きな目標となっていた．A. H. Zewail は数百フェムト秒の時間幅のレーザーパルス光を用いたポンプ・プローブ分光により，さまざまな分子の結合解離過程を実時間で明らかにすることに成功した．

その一例として，気体状態の NaI の光結合解離過程の研究を紹介する［1］．Na と I は電気陰性度の差が大きいため，NaI の基底状態はイオン結合性の電子状態をとり，励起状態では共有結合性となることが知られている．また，結合解離反応の PE 曲線において，イオン性と共有結合性の電子状態の PE 曲線が交差し，回避的面交差が生じることが知られていた（図(a)）．気相の NaI を数百フェムト秒のパルス光を照射することによって励起状態に遷移させると，励起状態の PE 曲線が解離型であるため，核間距離が伸びる方向に位相を揃えて運動を始める．原子核の振動は PE 曲線上に沿って起こり，回避的面交差における非断熱遷移により結合が解離することが予想される．一方，回避的面交差から非断熱遷移をしなかった分子は，励起状態の PE 曲線上を周期的に振動運動していると考えられる．Zewail らの時間分解レーザー誘起蛍光分光法（光励起した物質をさらに別のレーザー光で励起することにより，励起分子種の発光を観測する手法）を用いた実験では，発光強度が時間とともに振動しながら変

バイオイメージング［75］などに応用した研究が精力的に行われており，今後の更なる展開が期待される（コラム 17 参照）．

化する現象が観測された（図(b)）．①は Na 原子に由来する発光（D 線とよばれ，橙色の照明（ナトリウムランプ）としてトンネルなどで使用されている）であり，②は NaI の励起状態からの発光と帰属されている．NaI に由来する信号が振動しながら減少し，またそれに伴って Na 原子に由来する信号が増加するということは，Na 原子と I 原子を生成する結合解離過程が単純な一方向的な化学反応ではなく，NaI の原子核の振動運動を介して徐々に結合解離が起こることを示している．1 周期あたりの NaI の結合解離効率は 10% 程度であり，数ピコ秒かけて徐々に NaI の結合解離が進行することが明らかになった．この実験から，化学結合解離過程の実時間観測が達成されたとともに，回避的面交差の観測など，さまざまな新しい知見が得られた．Zewail はフェムト秒オーダーで起こる化学反応過程のことをフェムト化学（femtochemistry）と名づけ，1999 年にノーベル化学賞を受賞した．

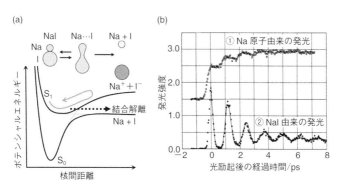

図 （a）NaI の解離反応における PE 曲線と （b）Zewail らの実験結果［1］

［1］ A. H. Zewail：*Science*, **242**, 1645（1988）．

コラム 16

ナフトピラン化合物の長寿命着色体の生成を抑制する

　ナフトピラン化合物は調光レンズ材料として実用化されており，感度，色調，消色速度などのフォトクロミック特性を最適化するため，さまざまな研究が行われている．ナフトピランの無色の閉環体に紫外光を照射すると，着色した開環体である TC 体を生成し，TC 体がさらに紫外光を吸収すると TT 体に光異性化する（図 7.8 参照）．TC 体は比較的すみやかに元の無色体に戻る一方，TT 体は熱的に安定であり室温条件では長時間残存することから，TT 体による残色は調光レンズにおける課題となっていた．

　TT 体の生成を抑制するには，TC 体から TT 体への光異性化反応を抑制することが重要であり，これまでに（1）TC 体から TT 体に光異性化する二重結合部位を縮環する（図(a)）[1, 2]，（2）TT 体にのみ立体的な反発効果が生じる部位にかさ高い置換基を導入する（図(b)）[3] などの方法により，TT 体の生成が抑制されている．しかし，(1) の縮環ナフトピランは煩雑な合成工程が必要であり，また，(2) の立体的にかさ高い置換基をもつナフトピラン化合物では，TC 体の熱戻り反応時間が大幅に高速化し，着色が確認できないという問題がある．そのため，簡便に合成でき，十分な発色が得られ，かつ TT 体の生成を抑制できる新しい化合物の設計指針が求められていた．

　近年，筆者らはナフトピランの 10 位にアルコキシ基を導入した化合物において，TT 体の生成が大幅に抑制されることを発見した（図(c)）[4, 5]．10 位にかさ高い置換基である *tert*-ブチル基などを導入したナフトピラン化合物では TT 体の生成が確認されることから，TT 体生成の抑制は，10 位の置換基の TT 体への立体反発によるものではないことが明らかになった．さまざまな実験から，この化合物の TC 体において 10 位のアルコキシ基の酸素原子と 1 位の水素原子との間で水素結合が形成されるため，TC 体から TT 体への光異性化反応が大幅に抑制されることが明らかになった．ナフトピランの 10 位へのアルコキシ基の導入は簡便であり，さまざまなナフトピラン誘導体においても同様に適用できるため，これまで困難とされてきた長時間残存する TT 体の生

図　TT体の生成を抑制するナフトピラン誘導体のフォトクロミズム
(a) 縮環構造の形成, (b) かさ高い置換基の導入, (c) 水素結合の形成.

成を簡便かつ効果的に抑制する次世代ナフトピランの分子設計指針として期待される.

[1] C. M. Sousa, J. Berthet, S. Delbaere, P. J. Coelho：*J. Org. Chem*., **77**, 3959 (2012).
[2] C. M. Sousa, J. Berthet, S. Delbaere, A. Polónia, P. J. Coelho：*J. Org. Chem*., **80**, 12177 (2015).
[3] K. Arai, Y. Kobayashi, J. Abe：*Chem. Commun*., **51**, 3057 (2015).
[4] Y. Inagaki, Y. Kobayashi, K. Mutoh, J. Abe：*J. Am. Chem. Soc*., **139**, 13429 (2017).
[5] H. Kuroiwa, Y. Inagaki, K. Mutoh, J. Abe：*Adv. Mater*., **31**, 1805661 (2019).

---コラム17---

高速光応答を示すラジカル解離型フォトクロミック化合物

　架橋型イミダゾール二量体は，架橋基の種類によってフォトクロミック反応の熱戻り反応速度が大きく変化するため，さまざまな分子を架橋基とした化合物が筆者らによって合成されてきた．そのなかで，新たなラジカル解離型フォトクロミック分子の開発の基盤を築いたのがペンタアリールビイミダゾール（PABI）である（図1）[1]．PABIはベンゼン環のオルト位にイミダゾール環が2つ導入されており，これまでに報告されたHABIよりもベンゼン環が1つ少なく，シンプルな分子骨格を有している．PABIに紫外光を照射するとビラジカルを生成し，照射を止めると2 μsで消色する高速フォトクロミズムを示す．さらに筆者らは，イミダゾリルラジカルとフェノキシルラジカルとの類似性に着目し，PABIのイミダゾリルラジカルの1つをフェノキシルラジカルに置き換えたフェノキシル–イミダゾリルラジカル複合体（PIC）を開発した（図1）[2]．PICは光照射によって分子内にイミダゾリルラジカルとフェノキシルラジカルからなるビラジカルを生成し，生成したビラジカルはPABIよりもさ

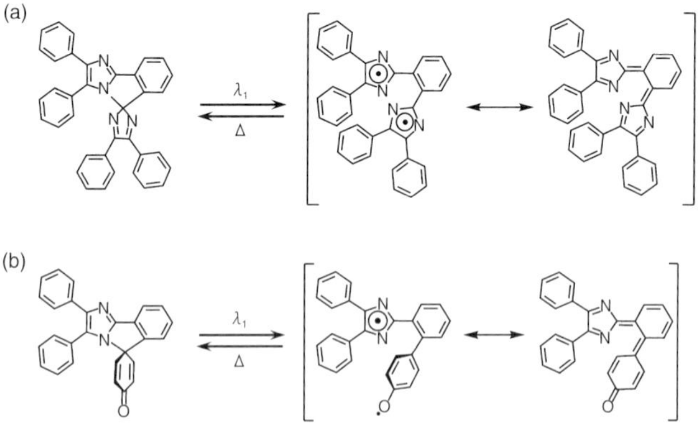

図1　(a) PABIと (b) PICのフォトクロミズム

らに速い数百ナノ秒で元の無色体へと戻る．

フェノキシルラジカルは不安定であり，系中で発生すると溶媒や溶質と迅速に不可逆反応を起こして失活する．一般的には，フェノキシルラジカルのオルト位にかさ高い置換基を導入して，立体的にラジカルを保護する．しかし，かさ高い置換基のない PIC は，酸素存在下のベンゼン溶液においても，数万回以上フォトクロミック反応を繰り返しても劣化することなく，高い光耐久性をもつことがわかった．PABI もきわめて高い光耐久性をもっているが，これはビラジカルのスピン間相互作用や，速い熱戻り反応速度に由来すると考えられている．

PABI や PIC は構造がシンプルで合成が簡便であるため，さまざまな誘導体が合成されている（図 2）[3]．それらの着色体の室温における半減期は数十ナノ秒から数十秒にわたる幅広い時間スケールで調節でき，また，架橋基部位への分子修飾も容易である．PIC の発見は，イミダゾリルラジカルやフェノキシルラジカル以外にもさまざまな有機ラジカルを組み合わせたフォトクロミック化合物の実現の可能性を示唆しており，今後さらなるラジカル解離型フォトクロミック化合物が開発され，さまざまな時間スケールの現象を制御する新しい光スイッチとして応用されることが期待される [4]．

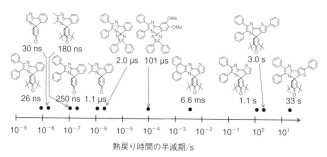

図 2 PABI および PIC 誘導体の熱戻り反応時間の半減期

[1] H. Yamashita, J. Abe : *Chem. Commun.*, **50**, 8468 (2015).
[2] H. Yamashita, T. Ikezawa, Y. Kobayashi, J. Abe : *J. Am. Chem. Soc.*, **137**, 4952 (2015).
[3] Y. Kobayashi, K. Mutoh, J. Abe : *J. Photochem. Photobiol. C*, **34**, 2 (2018).
[4] I. Yonekawa, K. Mutoh, Y. Kobayashi, J. Abe : *J. Am. Chem. Soc.*, **140**, 1091 (2018).

第8章

自然界におけるフォトクロミック分子

8.1 自然界における光の役割

　生物はさまざまな状況で光の恩恵を受けている．たとえば，われわれは眼で光を認識することにより物質を視ることができる．目が覚めること，眠くなることも光と関係がある．虫は光に向かって飛ぶ性質があり，植物は光合成により光エネルギーを生命エネルギーに変換している．生物による光の活用方法は，大別してエネルギー源と情報源の2種類に分類できる．しかし，これらに共通することは，それぞれの機能を発現するために，生物は光を受け取るための化合物（光受容体）を生体内に有していることである．視覚を司る光受容体として，脊椎動物にはロドプシン（rhodopsin）が存在する．また，植物の発芽や花の開花を司る光受容体として，赤色光や近赤外光に応答するフィトクロム（phytochrome）や，紫外光や青色光に応答するクリプトクロム（cryptochrome）やフォトトロピン（phototropin）が存在する．タンパク質を構成するアミノ酸は可視光に感度をもたないため，光受容体はタンパク質と可視光に応答する分子を組み合わせた複合体を形成している．光受容体は生体内で光によって何度も反応を繰り返す必要があるため，多くの光受容体においてフォトクロミック化合物が光応答分子として用いられる．フォトクロミック分子はタンパク質の内部にある隙間（ポケッ

ト)に入り込み，タンパク質と結合する．一般に，フォトクロミック反応は分子構造の変化を伴うため，分子の動きが制限される環境ではフォトクロミック反応効率が低下する．一見するとタンパク質のポケットは空間的に狭く，その空間内で起こるフォトクロミック反応は非効率に思える．しかし実際は，タンパク質は柔軟性が高く，さらに分子が入り込むポケットは特定のフォトクロミック反応が効率よく起こるように緻密に設計されているため，溶液状態よりも高い光反応効率を実現している．この章では，フォトクロミック分子を用いた光受容体について，光応答分子のフォトクロミック特性や，フォトクロミック反応が引き金となって生じる生命現象について紹介する．

8.2 動物の中のフォトクロミック分子

8.2.1 ロドプシン

生物は眼で光を検出し，光信号を電気信号に変換して神経細胞に伝達することで外界の情報を得る [76]．光は水晶体，硝子体を通って網膜で検出される．網膜は数種類の細胞の層で構成され，ここで光信号から電気信号への変換が行われる．網膜にはおもに棒状の桿体細胞と円錐型の錐体細胞という2種類の視細胞が存在する（図8.1(a)）．視細胞における光受容体は視物質（visual pigment）とよばれ，桿体細胞と錐体細胞にはそれぞれ異なる視物質が含まれている．桿体細胞は薄暗がりでも明暗を感知（薄明視）できる高い感度をもち，錐体細胞は比較的明るい場所で明るさと色の双方を感知（昼間視）できる．暗いところで色の違いがわかりにくくなるのは，錐体細胞が機能せず，桿体細胞がはたらくためである．これらの細胞に存在する視物質がロドプシン（図8.1(b)）であり，1876

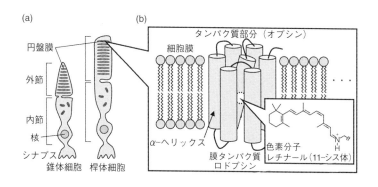

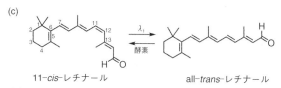

図 8.1 (a) 視細胞と (b) ロドプシンの概念図および (c) レチナールのフォトクロミズム

年ごろにカエルの網膜から発見された [77]．ロドプシンは，フォトクロミック分子であるレチナール（retinal, 図 8.1(c)）が膜タンパク質であるオプシンに結合した複合膜タンパク質であり，視細胞の円盤膜上に存在する [78]．膜タンパク質とは，細胞または細胞小器官などの生体膜に付着しているタンパク質分子のことであり，細胞膜である脂質二重層を貫通した構造をしている．最もよく研究されているウシのロドプシンは，11-*cis*-レチナール（図 8.1(c)）の末端のアルデヒド基が，348 個のアミノ酸から構成されるオプシンの 53 番目のアミノ酸であるリシン（Lys）のアミノ基と反応し，シッフ（Schiff）塩基（C=N 結合を形成した化合物）となって結合した構造（図 8.1(b)）をしている．

ヒトの桿体細胞に含まれるロドプシンの吸収極大波長は約500 nm であるのに対し，ヒトの錐体細胞には吸収極大波長が約560 nm，530 nm，415 nm の3種類のロドプシンが含まれており，赤，緑，青の色を識別することができる．視物質の数は動物によって異なり，ヒト以外の多くの哺乳類は2種類，魚や鳥の多くは赤，緑，青に加えて紫外光を認識するものを含めて4種類の視物質をもつ．光沢のある果実や，健康で細部まで整った羽をもつ雄鳥の羽は紫外光をよく反射することがわかっており，鳥は採餌や仲間の判別，求婚において紫外光に感度をもつ視物質を用いていると考えられている [79]．興味深いことに，桿体細胞や錐体細胞に含まれる視物質は，オプシン（アミノ酸配列は異なる）とレチナールのみから構成されており，これは軟体動物から脊椎動物までほぼすべての動物で共通している．タンパク質を構成するアミノ酸は可視光を吸収しないため，桿体細胞や錐体細胞の異なる可視光吸収特性はレチナールによって決まることになる．一般に，光受容体の色素をタンパク質から取り出すと光受容体は光応答性を失うことが多いが，レチナールは溶液中に分散した状態においてもフォトクロミズムを示す．

レチナールの溶液状態における以下の研究から，レチナールとタンパク質との相互作用によって，ロドプシンの光吸収特性が変化することが明らかになっている [80]．溶液に分散した 11-*cis*-レチナール（11-シス体，図 8.1(c)）の吸収スペクトルの吸収極大波長は 380 nm であるが，レチナールのアルデヒド基をシッフ塩基に置換した化合物では 360 nm に短波長シフトする．一方，ロドプシンに結合したレチナール（図 8.1(b)）の吸収極大波長は 500 nm 付近であり，溶液に分散したレチナールの吸収とは明らかに異なる．この現象はオプシンシフト（opsin shift）とよばれ，シッフ塩基へのプロトン付加とそれに伴うタンパク質との相互作用が原因だと考え

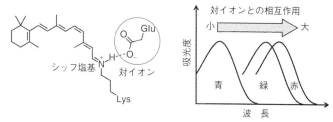

図 8.2 レチナールと対イオンの相互作用と吸収スペクトルとの関係

られる．検証実験として，レチナールのメタノール溶液に酸を添加してレチナールのシッフ塩基をプロトン化した場合，吸収極大波長が 440 nm にシフトする．タンパク質内に存在する酸はアミノ酸残基のカルボン酸であり，このような比較的弱い酸においてもシッフ塩基のプロトン化が起こることが複数の実験結果から示されている．さらに，ジクロロメタンなどの低極性溶媒中では，シッフ塩基部位にアニオン（対イオン）が結合して安定化する．このときの吸収極大波長は，対イオンのイオン半径が大きく，より強く水素結合するほど長波長にシフトする（図 8.2）．たとえば，過塩素酸イオン（ClO_4^-）をジクロロメタンに溶解した溶液では，ロドプシンの吸収極大波長は 500 nm まで長波長にシフトする．タンパク質中における対イオンはアミノ酸残基のカルボキシラートアニオン（COO^-）であり，ロドプシンの場合は 113 番目のアミノ酸であるグルタミン酸（Glu）が対イオンとしてはたらく．このように，生体はレチナールと周辺のアミノ酸残基との静電相互作用を巧みに利用することで，光吸収特性の異なる数種類のロドプシンを発達させた．

　一般に，オレフィン化合物のシス体はトランス体よりも立体反発が大きいため熱力学的に不安定であり，トランス体のほうが安定化合物として得られやすい．一方，酵素反応によってオレフィン化合

物が合成される生体内では,ほとんどの場合シス体が安定体として得られる.たとえば,天然の不飽和脂肪酸はシス体として存在することが知られている.レチナールも同様に,生体内において酵素反応によって 11-シス体が安定体として得られ,11-シス体の状態でロドプシンに結合する.ロドプシンに可視光を照射すると 11-シス体から all-*trans*-レチナール(全トランス体)への光異性化反応が起こる.ロドプシン中におけるレチナールの光異性化反応は 200 fs で起こることがわかっており,最も速い化学反応の一つとして知られている [81].レチナールの 11, 12 位の炭素原子(図 8.1(c) 参照)の二重結合まわりの回転角を反応座標としたときの理論計算では,基底状態と励起状態の PE 曲線は交差せず,回避的面交差を経由して反応が起こることが示唆されていた.しかし,回避的面交差を経由した非断熱遷移から予測される反応時間は,実験で観測された超高速異性化反応と比べて非常に遅く,実験結果を説明できなかった.そこで,二重結合の回転角と他の分子内座標を組み合わせた PE 曲面を計算すると,基底状態と励起状態の PE 曲面との間に円錐交差が観測された.円錐交差を経由する光化学反応は高速かつ高効率に進行するため(第 4 章参照),計算から予測された反応時間は実験結果を支持するものであった.これにより,レチナールの光異性化反応は 11, 12 位の炭素原子の二重結合の回転と結合のねじれを伴って進行することが明らかとなった.溶液に分散したレチナール単独の光異性化反応効率は 0.2 であるのに対し,ロドプシン中では 0.65 と大幅に増加する.この結果は,レチナールを取り囲むタンパク質が,フォトクロミック反応を選択的に進行させる反応場として機能していることを示しており,フォトクロミック反応を起こすための空間とタンパク質との相互作用が緻密に設計されていると考えられる.レチナールの異性化反応以後の反応過程の概念図

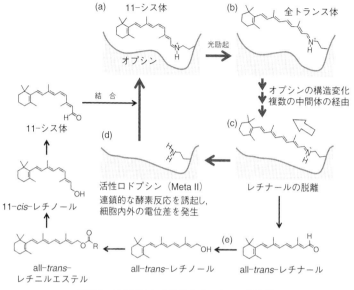

図 8.3 ロドプシンの光反応サイクルの概念図

を図 8.3 に示す [78]．異性化反応直後では，周辺のタンパク質はその高速な構造変化に追随できないため，レチナールは大きくねじれた構造をとる（図 8.3(b)）．レチナールの構造のひずみによる近傍のアミノ酸残基との相互作用の変化が駆動力となり，タンパク質全体の構造が大きく変化する．数十ピコ秒から数十マイクロ秒にかけて，レチナールの構造のひずみに伴うタンパク質部分の構造変化により，計 4 つの中間体を経由して最終段階までタンパク質の構造が変化する（図 8.3(c)）．数ミリ秒程度で生じる最終段階では，レチナールが脱離し，シッフ塩基のプロトンが対イオンに移動したメタロドプシン II（Meta II）とよばれる中間体が生成する（図

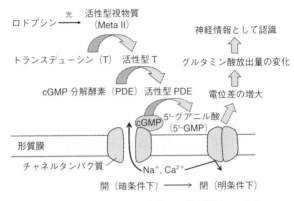

図 8.4 視細胞における光信号から神経信号への変換

8.3(d))．Meta II は G タンパク質（グアニンヌクレオチド結合タンパク質）を活性化できるロドプシンの一つであり，G タンパク質の一つであるトランスデューシン（T）の活性化，環状グアノシン一リン酸（cGMP）分解酵素（PDE）の活性化，酵素による cGMP の分解反応が連鎖的に起こる（図 8.4）．形質膜上にあるチャネルタンパク質では，cGMP が結合した状態でナトリウムイオン（Na^+）やカルシウムイオン（Ca^{2+}）が透過できる．cGMP 濃度が減少すると cGMP がチャネルタンパク質から外れ，チャネルが閉じてイオンが流入しなくなる．その結果，細胞膜内外の電位差が大きくなり，細胞間情報伝達物質であるグルタミン酸の放出量に変化を及ぼすことにより，神経細胞が光を検出したことを神経情報として伝達する．

一方，全トランス体は酵素反応によって図 8.3(e) に示す 3 つの中間構造を経由して 11-シス体に戻り，オプシンと再結合してロドプシンが再生される（図 8.3(a)）．1 分子のロドプシンは数百もの

酵素反応を誘起し，さらにシグナル伝達系の下流で増幅機構がはたらく．このような光信号から神経信号への変換機構により，桿体細胞がわずか数個の光子を感知しただけで，脳は網膜が受光したことを感知できる．このように，自然界ではフォトクロミズムを利用して複雑な機構を構築している．人工のフォトクロミック分子は，個々のフォトクロミック特性において自然界の物質では不可能な特性を実現できているが，複数の分子が絡み合って協働的に機能するシステムの構築には至っていない．このような精緻な光応答系を創成することがフォトクロミズム研究の今後の重要な課題である．

8.2.2 バクテリオロドプシン

レチナールを含む光受容体は，ロドプシンなどの脊椎動物の視物質だけでなく，細菌においても存在する．たとえば，高温の塩湖などで見られる古細菌として知られる高度好塩菌には，バクテリオロドプシン（bacteriorhodopsin）とよばれるレチナールを含む膜タンパク質が存在する．バクテリオロドプシンは光エネルギーを受け取って細胞内のプロトンを細胞外に能動輸送する光駆動プロトンポンプとして機能することが1971年にD. OesterheltとW. Stoeckeniusらによって発見された[82]．バクテリオロドプシンはプロトンを輸送する過程で生体反応のエネルギー源ともいえるアデノシン三リン酸（ATP）を合成する．また，真核生物であるクラミドモナスは強い紫外光から逃避し，光合成に必要な可視光に向かって進む走光性（phototaxis）とよばれる性質をもつ．可視光や紫外光を認識し，走光性を司っているのはチャネルロドプシンとよばれる2種類の光受容体であることが知られている．すべてのバクテリオロドプシンやチャネルロドプシンにはレチナールが光応答分子として含まれており，レチナールのフォトクロミック反応が生物の種を超えてさま

ざまな生体機能で活躍している．そのなかでも，バクテリオロドプシンは比較的大量に精製でき，かつ安定であるため，これまで多くの研究が行われてきた．ここでは，バクテリオロドプシンに焦点を絞り，それらのフォトクロミック反応と生体機能について紹介する．

バクテリオロドプシンは 248 個のアミノ酸からなる一本鎖の膜タンパク質であり，ロドプシンと同様に 7 本の α-ヘリックスが脂質膜を貫くかたちでほぼ平行に並んだ構造をしている（図 8.1(b)）．レチナールはアミノ基末端から数えて 7 本目の α-ヘリックスの 216 番目のリシン残基にシッフ塩基がプロトン化して結合している．ロドプシン中のレチナールは 11-シス体としてタンパク質に結合しているのに対し，バクテリオロドプシン中のレチナールは全トランス体としてタンパク質に結合している．

バクテリオロドプシンに光を照射すると，全トランス体のレチナールから 13-シス体へと異性化反応が起こる．ロドプシンでは，異性化反応後にレチナールがオプシンから外れるが，バクテリオロドプシンではレチナールがオプシンに結合したまま光反応が進行する．レチナールのフォトクロミック反応を引き金として，細胞膜内のプロトンがバクテリオロドプシンの α-ヘリックスの間にある空隙を通過して細胞外へと放出される．さまざまな超高速分光測定や量子化学計算の研究から，バクテリオロドプシンのプロトン輸送過程は原子レベルで明らかにされてきた（コラム 20 参照）．図 8.5 にチャネル部位のみを模式的に示した概念図を示す [83]．カルボキシル基，およびアミノ基を残基にもつアスパラギン酸（Asp）とアルギニン（Arg）がプロトン輸送において重要な役割を果たしており，それらのアミノ酸配列番号を略称の後ろに示している．

バクテリオロドプシンにおけるレチナールでは（図 8.5(a)），光照射後，約 3 ps で光異性化に伴って短寿命種の中間体（K）を生成

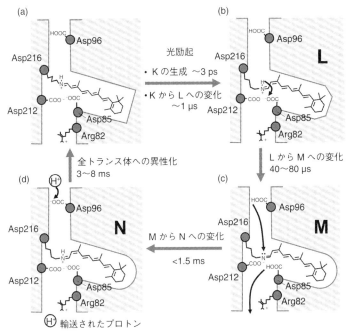

図 8.5　バクテリオロドプシンのプロトン輸送過程の概念図 [83]

し，約 1 µs で別の中間体（L）に変化する（図 8.5(b)）．続いて，タンパク質全体の構造変化に伴い，シッフ塩基のプロトンが 85 番目のアスパラギン酸（Asp85）のカルボキシレート残基へと約 40〜80 µs 程度で移動し，中間体（M）を生成する（図 8.5(c)）．その後，Asp85 のカルボン酸から Asp82，Glu204，Glu194 を経由してプロトンが細胞外へと送り出されるとともに，レチナールのシッフ塩基が約 1.5 ms 以内に Asp96 から再プロトン化され，中間体（N）を生成する（図 8.5(d)）．図 8.5(b) において，シッフ塩基がカルボ

キシレート残基にプロトンを供与したにもかかわらず，図8.5(c)では逆にカルボン酸からプロトンを受け取るということは，シッフ塩基の酸解離定数が図8.5(b)と図8.5(c)で異なることを示している．これは，タンパク質の構造変化に伴ってレチナール骨格が歪み，水和構造や周辺残基との相互作用が変化するためだと考えられている［83］．最後に3〜8 ms以内にAsp96がふたたびプロトン化されるとともに，レチナールが13-シス体から全トランス体に異性化することで，バクテリオロドプシンが再生される．プロトンの一方向輸送は細胞膜内外のプロトンの濃度差を大きくするため，エントロピー的に不利である．それにもかかわらず，生物がこのような現象を実現できるのは，上述のように外部から光エネルギーを取り込み，レチナールとタンパク質の共同的な相互作用を変化させているためである．

8.3 植物の中のフォトクロミック分子

植物にとって光は最も重要なエネルギー源であり，光合成により光エネルギーを生命エネルギーに変換して生命活動を営んでいる．また，光は植物にとって季節や周辺環境を知る重要な情報源でもある．気温が低く，水や養分の少ない条件においても植物の種子は比較的長期間生存できる．一方，発芽した植物はそのような環境への抵抗性が低い．そのため，植物は発芽の環境や時期を把握するために独自の光センサーを発達させることで，過酷な自然環境を巧みに乗り越えてきた［84］．たとえば，植物は毎年決まった時期に花を咲かせ，その花芽の形成時期は日照時間（正確には暗くなっている時間）によって決まる．1日の昼の長さが一定時間より短くまたは長くならないと花芽を形成しない植物をそれぞれ短日植物（short-

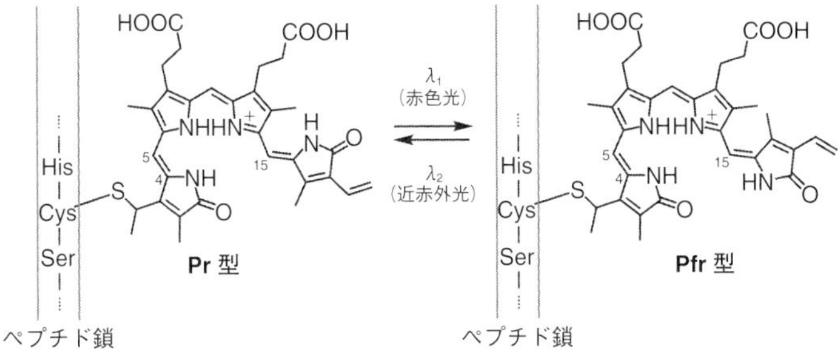

8.3 植物の中のフォトクロミック分子　159

図 8.6　フィトクロム発色団のフォトクロミズム
His, Cys, Ser はそれぞれヒスチジン，システイン，セリンの略称．

day plant)，長日植物（long-day plant）といい，前者にはキクやコスモス，後者にはホウレンソウやコムギなどがある．一方，花芽が昼の長さに影響しないものを中生植物（day-neutral plant）という．このような植物の光応答特性は日本の農業で積極的に利用されており，花の出荷時期に合わせて光照射量を制御する栽培方法として電照栽培（キクの場合をとくに電照菊という）が知られている．

　植物の光受容体の一つとして知られるのがフィトクロムという色素タンパク質である（図 8.6）．フィトクロムは，種子の発芽や開花，またはクロロフィルの合成など，光周性（昼の長さと夜の長さの変化に応じて生物が示す現象）に関わる多くの現象を司っていることが知られている．フィトクロムは水溶性のフォトクロミックタンパク質であり，1959 年に W. L. Butler らによってレタスの種子から発見された［85］．フィトクロムは，フィトクロモビリンとよばれる開環型テトラピロール誘導体が，1,128 個のアミノ酸からなる分子量 124,000 の水溶性球状タンパク質にチオエーテルを介して結合した構造をもつ．フィトクロムに似たタンパク質は動物では知られておらず，植物を特徴づける分子の一つと考えられている．

フィトクロムには2つの安定種が存在し，660 nm 付近の赤色光を吸収するPr型と，730 nm 付近の近赤外光を吸収するPfr型に分類される．赤色光と近赤外光の照射によって，これらの異性体間を可逆的に行き来するフォトクロミズムを示す．660 nm 付近の赤色光を照射してPfr型が多い条件にすると，種子の発芽が誘導される．一方，730 nm 付近の近赤外光を照射してPr型が多い条件にすると，発芽が阻害される．光定常状態におけるPr型とPfr型の相対量比は赤色光と近赤外光の相対的な光の強さを反映しており，植物は2つの波長の光の強度比から周辺の光環境を認識している．フィトクロムは，光環境変化のなかでもとくに，他の植物によって光が遮られたことを敏感に検知することが知られている．他の植物によって光が遮られると，植物の葉に含まれるクロロフィルによって赤色光が吸収される．一方，植物の葉は近赤外光を吸収しないため，植物の葉を透過して到達する近赤外光の量が赤色光と比べて相対的に多くなる．その結果，光定常状態におけるPr型とPfr型の生成量比から，植物は他の植物にどれだけ光を奪われているかを知ることができる．他の植物の陰に入ったことを認識した植物は，より茎を伸ばして成長し，光合成に不利な場所から抜け出そうとする（避陰反応，shade avoidance response）．波長特性を使って光環境を認識するという点では，動物にとっての色覚と同様の機能をもっているともいえる．しかし，動物の色覚は青，緑，赤の3種類の錐体細胞の視物質を用いるのに対し，植物は1つの光受容体のフォトクロミック反応を用いて色覚を実現している．

光異性化反応過程についても，フィトクロムは動物のレチナールと比べて大きく異なる［86］．Pr型からPfr型への光異性化反応は，動物のレチナールの光異性化反応と比べてきわめて遅く，数十ピコ秒から数百ピコ秒かかることが知られている．光反応の初期過程だ

けでなく，その後に続くタンパク質の構造変化を伴う異性化反応も進行が遅く，最終生成物ができるまでに1秒程度かかる．また，植物は光定常状態におけるPr型とPfr型の生成量比から周辺の環境を感知するが，太陽光により光定常状態に到達するまでには数十秒程度かかる．すべての反応過程において動物のレチナールの応答よりも植物のフィトクロムの応答のほうが遅い理由は，動物と植物で必要とする光環境の情報が異なることが挙げられる．動物は自由に動くことができるが，外敵から身を守る必要があるため，速い時間スケールで周辺の情報を得る必要がある．一方，植物は俊敏に動くことはなく，長い時間スケールで変化する光環境を観測する必要があるため，速い時間スケールで光異性化反応が進行する必要がないと考えられる．

この章で紹介したフォトクロミック分子を含む光受容体は，光応答に伴って膜電位の変化やタンパク質間の相互作用を発生させる光スイッチ物質として用いることもできる．近年，チャネルロドプシンなどの光駆動イオンポンプとしてはたらく光受容体を，特定の神経細胞に遺伝子発現させ，脳の神経活動を明らかにする研究が盛んに行われている［87］．チャネルロドプシンを発現した神経細胞は，光照射によってイオン輸送が起こり，膜電位変化によって神経細胞が活性化する．つまり，この手法を用いれば生体内の神経伝達の信号を選択的かつ瞬間的に発生させることができる．この手法を用いた研究分野はオプトジェネティクス（光遺伝学，optogenetics）とよばれ，これまで解明が難しかった動物の記憶や感情，欲求などの心理現象と生命機能に関するさまざまな知見が得られている（コラム21）．このように，自然界におけるフォトクロミック分子の研究は，内在する光受容体の研究から，生命現象を解き明かす新しいツールとして発展しており，今後更なる新しい知見が得られるもの

と期待される.

コラム 18

フォトクロミック蛍光タンパク質

オワンクラゲに由来する緑色蛍光タンパク質 (green fluorescent protein: GFP) などの蛍光タンパク質は,細胞の特定の組織に蛍光タンパク質を遺伝子発現できるため,生体イメージングにおいて不可欠である.しかし,細胞内で発現した GFP は光照射によって定常的に発光し続けるため,細胞質の流動などの標識した組織内の動的な変化を観測することはできない.近年,細胞内外における物質の拡散や輸送,または揺らぎとよばれる生体分子内の時間的・空間的な変化が細胞の増殖や分化にとって重要であることがわかっており,このような動的な機能を明らかにするため,蛍光特性を繰り返しスイッチできるフォトクロミック蛍光タンパク質が求められていた.

このような背景のもと,宮脇敦史らはウミバラ科の石サンゴから新規の蛍光タンパク質をクローニングし,遺伝子変異を加えることにより,フォトクロミズムを示すタンパク質を開発した [1]. このタンパク質は紫外光を照射すると緑色の蛍光を発する異性体を生成し,さらにその状態に可視光を当てると無蛍光性の異性体に変換される蛍光スイッチ特性をもつ.宮脇らは緑色蛍光の消失を dron (ドロン) という擬態語にたとえ,また出現を photo-activation の略語である pa を用いて,このタンパク質を"Dronpa (ドロンパ)"と命名した.蛍光特性をスイッチできるフォトクロミック分子はこれまでに多数報告されている一方,Dronpa のように蛍光特性を繰り返しスイッチできるタンパク質はこれまでに報告がない.蛍光タンパク質であることにより,GFP と同様に遺伝子操作によって特定の細胞を高選択的に標識することができる.

Dronpa の蛍光特性は 62,63,64 番目のアミノ酸であるシステイン (Cys),

チロシン(Tyr),グリシン(Gly)から形成されたp-ヒドロキシルベンジリデンイミダゾリジノン骨格が発色団となり,光照射に伴ってシス-トランス異性化反応を起こすことで,光の吸収および発光特性が変化する(図).厳密には,フォトクロミック分子の構造変化のみではこのような光物性の変化は観測されず,ピコ秒からナノ秒にかけて起こる光異性化反応の後,ミリ秒スケールで周辺のアミノ酸とのプロトン移動やタンパク質の構造変化が起こることにより,発光特性が大幅に変化する[2].

Dronpaを用いた蛍光イメージング測定により,細胞増殖を誘発する刺激に伴って細胞内の情報伝達分子が細胞質と核との間を往来する過程を観測することに成功しており,フォトクロミック蛍光タンパク質は,今後,よりさまざまな分野での生命機能解明のツールとして活躍することが期待される.

図 Dronpaの発色団であるp-ヒドロキシルベンジリデンイミダゾリジノンのフォトクロミズム

[1] R. Ando, H. Mizuno, A. Miyawaki:*Science*, **306**, 1370 (2004).
[2] M. M. Warren, M. Kaucikas, A. Fitzpatrick, P. Champion, J. T. Sage, J. J. van Thor:*Nat. Commn*., **4**, 1461 (2013).

コラム 19

ビリルビンの光異性化反応

体内に循環する古くなったり傷ついたりしたヘモグロビンは，脾臓（ひぞう）とよばれる臓器でヘム分解酵素であるヘムオキシゲナーゼにより分解され，緑色のビリベルジンが生成する（図(a)）．さらにビリベルジンの 10 位の二重結合はビリベルジン還元酵素により還元され，黄色のビリルビンが生成する．ビリルビンは 4 位と 15 位の二重結合に由来する 4 つの幾何異性体が存在し，ZZ 体が最も安定な構造となる（図(b)）[1]．ビリルビンの親水基は分子の内側に向かって水素結合を形成するため脂溶性である．しかし，おもに肝臓でグルクロン酸とよばれる糖と結合することで水溶性になり，便と一緒に体外に排泄される．ビリルビンが体内で異常に増えると，眼球や皮膚の色がビリルビンの黄色になる黄疸が発症する．とくに新生児は，血液脳関門とよばれる脳に入る血液中の物質を選別する機構が未発達なため，新生児における黄疸（新生児黄疸）はビリルビンが脳に蓄積して深刻な障害をひき起こすことがある．新生児黄疸の治療法として，現在広く用いられているのが光線療法である．光線療法とは，新生児に青色や緑色の光を照射する治療法であり，光照射によりビリルビンの異性化反応が進行するとともに，ZZ 体の光反応によりルミルビンとよばれる水溶性の物質が生成する．生成した水溶性ルミルビンは体外に排泄できるため，新生児黄疸を光によって治療することができる．一方，成人では血液脳関門が正常に機能するため，血中ビリルビン濃度の上昇や黄疸そのものが重度の障害をひき起こすことはないが，黄疸の原因となる溶血や肝臓の機能低下，胆管の異常などを治療する必要がある．

[1] D. A. Lightner, T. A. Wooldridge, A. F. McDonagh : *Biochem. Biophys. Res. Commun.*, **86**, 235 (1979).

8.3 植物の中のフォトクロミック分子

図 (a) ヘムの分解過程と (b) ビリルビンの光異性化反応過程

コラム 20

バクテリオロドプシンの光異性化反応を原子レベルで視る

　バクテリオロドプシン中のレチナール（全トランス体）はトランス–シス光異性化反応が高効率に進行し，13–シス体を選択的に生成する．一方，溶液中における全トランス体の光異性化反応効率は低く，また 13–シス体以外に 9–シス体，11–シス体などの副生成物が生成することが知られている．バクテリオロドプシンの高選択的なフォトクロミック反応には，レチナールの周辺に存在するアミノ酸残基や水分子が重要な役割を果たすと考えられている．可視光や赤外光を用いた超高速分光測定では，レチナールの電子状態や分子構造の変化を実時間で観測できるが，一方で周辺分子の変化を捉えることはきわめて難しい．そこで，光異性化反応に伴う発色団の構造変化とその周辺分子の立体配置の変化を原子レベルで明らかにする新しい手法として，X 線の超短パルス光を用いた時間分解 X 線結晶構造解析が近年注目されている．X 線結晶構造解析は，試料の単結晶に X 線を照射し，回折パターンから結晶中の分子構造や立体配置を明らかにする手法である．通常の X 線結晶構造解析では連続光の X 線が用いられるが，超短パルス光の X 線を用いることにより，結晶にパルス光が当たった瞬間の過渡的な分子構造を明らかにできる．つまり，可視光の超短パルスでバクテリオロドプシンの結晶を励起した後，遅延時間をかけて X 線の超短パルス光を照射し，結晶の回折パターンを解析することにより，バクテリオロドプシンのフォトクロミック反応過程における分子構造変化と，周辺のアミノ酸残基や水和イオンの立体配置の変化過程を実時間かつ原子レベルで明らかにできる [1]．

　図に時間分解 X 線結晶構造解析測定から得られたバクテリオロドプシンの光異性化反応過程の概略を示す．レチナールのシッフ塩基は結晶中の水分子と水素結合を形成して安定化している．可視光を照射すると，レチナールは 200 fs で電荷分離状態を生成するとともに，水分子との間に静電反発が生じ，水分子が離れて水素結合が解離する．シッフ塩基の水素結合の解離により，光異性

化反応の活性化障壁が低下する.また,離れた水分子との水素結合ネットワークを介して周辺のアミノ酸残基(Asp85, Asp212 など)の立体配置が変わることにより,13 位の二重結合が効率的に回転する.一方,9, 11 位の二重結合周辺にはタンパク質の疎水性部位が多く,水素結合による柔軟な構造はない.このようなレチナール周辺の分子の立体配置の変化がバクテリオロドプシンの光異性化反応が高効率かつ選択的に進行する理由であり,時間分解 X 線結晶構造解析によって初めて実験的に明らかにされた.時間分解 X 線結晶構造解析は従来の分光手法では直接的には得られない立体配置に関する知見が得られるため,複雑な生体光反応機構を解明する強力な手法として,今後更なる活躍が期待される.

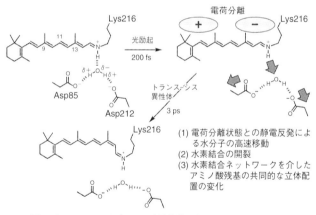

図 バクテリオロドプシンの光異性化反応と周辺分子の再配置

[1] P. Nogly, et al.: Science, **361**, eaat0094 (2018).

コラム21

オプトジェネティクス

　脳や神経組織などの器官と，動物の行動との相関の解明は，脳や神経にまつわる疾患のメカニズムを解明し，治療方法を開発するうえで，医学，生命科学，動物行動学，心理学などの幅広い研究分野において重要である．脳や神経組織と行動との相関を調べる従来の手法では，組織に電極を差し込み，電気刺激を与えることにより神経細胞を活性化させていた．しかし，この手法は組織を破壊し，また周辺の細胞全体を刺激してしまうため，他の細胞に影響を与えずに非侵襲で生体内の特定の細胞を制御する技術が求められていた．2005年，K. Deisseroth らは光駆動イオンポンプの一つであるチャネルロドプシン2を哺乳類の脳などの神経細胞に発現させ，脳や神経機能を解明する手法を開発した[1]．チャネルロドプシンは緑藻植物のクラミドモナスなどがもつ膜タンパク質であり，光照射によりイオンが細胞膜を透過して膜電位が生じ，鞭毛の回転などを行う．一方，神経細胞が外部刺激によって興奮状態になる過程においても膜電位が生じることから，神経細胞にチャネルロドプシンを遺伝子発現することにより，光照射によって特定の神経細胞を興奮状態にすることができる．特定の神経細胞を興奮させ，生物の行動を解析することにより，チャネルロドプシンが発現した神経組織の機能を詳細に解明することができる．この手法を用いた研究分野はオプトジェネティクスとよばれ，Deisseroth らの報告の後，

数年で急激に発展した.さまざまな遺伝子改変の研究により,現在では励起波長(450 nm から 600 nm まで)や信号の応答速度(数ミリ秒から 30 分まで)など,測定条件に合わせて 30 種類以上の光駆動イオンポンプを導入できるツールが市販されるようになり,*Nature Methods* 誌が科学全分野のなかから選ぶ Method of the Year 2010 にも選定されている.

しかし,励起光である可視光の生体透過性は低く,最大でも数十マイクロメートル程度の深さしか生体内部の測定ができない.この問題を解決するために,近年では,生体透過性の高い近赤外光を照射し,生体内部で可視光に変換するアップコンバージョンという光技術をオプトジェネティクスに応用する研究が盛んに行われている[2].これらの技術の発展により,記憶,感情,欲求などの心理現象のさらなる理解が進み,これまでは治療法がなかった脳疾患や精神疾患に関する新しい治療法が開発されることが期待される.

[1] E. S. Boyden, F. Zhang, E. Bamberg, G. Nage, K. Deisseroth : *Nat. Neurosci.*, **8**, 1263 (2005).
[2] S. Chen, A. Z. Weitemier, X. Zeng, L. He, X. Wang, Y. Tao, A. J. Y. Huang, Y. Hashimotodani, M. Kano, H. Iwasaki, L. K. Parajuli, S. Okabe, D. B. L. Teh, A. H. All, I. Tsutsui-Kimura, K. F. Tanaka, X. Liu, T. J. McHugh : *Science*, **359**, 679 (2018).

参考文献

[1] (a) 日本化学会 編:『季刊化学総説 有機フォトクロミズムの化学』, 学会出版センター (1996). (b) 高分子学会 編:『最先端材料システム One Point フォトクロミズム』, 共立出版 (2012). (c) J. Crano, R. Guglielmetti (Eds.): "Organic Photochromic and Thermochromic Compounds", Plenum Press, New York (1999). (d) H. Dürr, H. Bouas-Laurent (Eds.): "Photochromism—Molecules and Systems", Elsevier (2003). (e) H. Tian, J. Zhang (Eds.): "Photochromic Materials", Wiley-VCH, Weinheim (2016).
[2] (a) D. Wöhrle, M. W. Tausch, W.-D. Stroher: "Photochemie", Wiley-VCH, Weinheim (1998). (b) R. Dessauer, J. P. Paris: *Adv. Photochem.*, **1**, 275 (1963).
[3] J. Fritzsche: *Compt. Rend. Acad. Sci.*, **69**, 1035 (1867).
[4] E. ter Meer: *Ann. Chem.*, **181**, 1 (1976).
[5] T. L. Phipson: *Chem. News*, **43**, 283 (1881).
[6] W. Markwald: *Z. Phys. Chem.*, **30**, 140 (1899).
[7] Y. Hirshberg: *Compt. Rend. Acad. Sci.*, **231**, 903 (1950).
[8] E. Fischer, Y. Hirshberg: *J. Chem. Soc.*, 4522 (1952).
[9] G. H. Brown (Eds.): "Photochromism", Wiley-Intersciences, New York (1971).
[10] (a) M. Irie, M. Mohri: *J. Org. Chem.*, **53**, 803 (1988). (b) M. Irie, T. Fukaminato, K. Matsuda, S. Kobatake: *Chem. Rev.*, **114**, 12174 (2014).
[11] (a) 入江正浩, 関 隆広 監:『フォトクロミズムの新展開と光メカニカル機能材料』, シーエムシー出版 (2011). (b) 日本化学会 編:『分子マシンの科学』, 化学同人 (2017). (c) V. Balzani, A. Crerdi, M. Venturi: "Molecular Devices and Machines —A Journey into the Nano World", Wiley-VCH, Weiheim (2003). (d) B. L. Feringa, W. R. Browne (Eds.): "Molecular Switches", Wiley-VCH, Weinheim (2011). (e) M. Irie, Y. Yokoyama (Eds.): "New Frontiers in Photochromism", Springer, Tokyo (2013). (f) Y. Yokoyama, K. Nakatani (Eds.): "Photon-Working Switches", Springer, Tokyo (2017). (g) T. J. White (Eds.): "Photomechanical Materials, Composites, and Systems", Wiley, New Jersey (2017). (h) H. Yu: "Dancing with Light", CRC Press, Florida (2013).
[12] P. Friedlaender: *Ber. Dtsch. Chem. Ges.*, **39**, 1060 (1906).
[13] (a) A. Baeyer: *Ber. Dtsch. Chem. Ges.*, **16**, 2188 (1883). (b) F. Kink, M. P. Collado, S. Wiedbrauk, P. Mayer, H. Dube: *Chem. -Eur. J.*, **23**, 6237 (2017). (c) C. Petermayer, S. Thumser, F. Kink, P. Mayer, H. Dube: *J. Am. Chem. Soc.*, **139**,

15060 (2017).
[14] 小野久武，長田千秋，小菅邦子：特公昭 45-28892 (1970).
[15] 入江正浩，林 晃一郎：*Polym. Preprint., Jpn.*, **34**, 459 (1985).
[16] (a) R. S. Becker, J. Michl：*J. Am. Chem. Soc.*, **88**, 5931 (1966). (b) R. S. Becker：US Patent, US 3567605 (1971).
[17] (a) T. Hayashi, K. Maeda：*Bull. Chem. Soc. Jpn.*, **33**, 565 (1960). (b) R. Dessauer："Photochemistry, History and Commercial Applications of Hexaarylbiimidazoles", Elsevier, Amsterdam (2006).
[18] (a) F. Iwahori, S. Hatano, J. Abe：*J. Phys. Org. Chem.*, **20**, 857 (2007). (b) K. Fujita, S. Hatano, D. Kato, J. Abe：*Org. Lett.*, **10**, 3105 (2008). (c) Y. Kishimoto, J. Abe：*J. Am. Chem. Soc.*, **131**, 4227 (2009). (d) K. Shima, K. Mutoh, Y. Kobayashi, J. Abe：*J. Am. Chem. Soc.*, **136**, 3796 (2014). (e) H. Yamashita, J. Abe：*Chem. Commun.*, **50**, 8468 (2014). (f) T. Iwasaki, T. Kato, Y. Kobayashi, J. Abe：*Chem. Commun.*, **50**, 7481 (2014).
[19] H. Stobbe：*Ber. Dtsch. Chem. Ges.*, **38**, 3673 (1905).
[20] H. G. Heller, J. R. Langan：*J. Chem. Soc., Perkin Trans.*, **2**, 341 (1981).
[21] Y. E. Gerasimenko, N. T. Poteleshchenko：*Zh. Org. Khim.*, **7**, 2413 (1971).
[22] (a) M. M. Krayushkin, S. N. Ivanov, A. Y. Martynkin, B. V. Lichitsky, A. A. Dudinov, B. M. Uzhinov：*Russ. Chem. Bull. Int. Ed.*, **50**, 116 (2001). (b) T. Kawai, T. Iseda, M. Irie：*Chem. Commun.*, 72 (2004).
[23] I. Shimizu, H. Kokado, E. Inoue：*Bull. Chem. Soc. Jpn.*, **45**, 1951 (1972).
[24] H.-R. Blattmann, D. Meuche, E. Heilbronne, R. J. Molyneux, V. Boekelheide：*J. Am. Chem. Soc.*, **87**, 130 (1965).
[25] K. Honda, H. Komizu, M. Kawasaki：*J. Chem. Soc., Chem. Commun.*, 253 (1982).
[26] S. Helmy, F. A. Leibfarth, S. Oh, J. E. Poelma, C. J. Hawker, J. Read de Alaniz：*J. Am. Chem. Soc.*, **136**, 8169 (2014).
[27] M. M. Lerch, S. J. Wezenberg, W. Szumanski, B. L. Feringa：*J. Am. Chem. Soc.*, **138**, 6344 (2016).
[28] (a) S. Hatano, T. Horino, A. Tokita, T. Oshima, J. Abe：*J. Am. Chem. Soc.*, **135**, 3164 (2013). (b) T. Yamaguchi, Y. Kobayashi, J. Abe：*J. Am. Chem. Soc.*, **138**, 906 (2016).
[29] (a) C. G.Bochet：*Tetrahedron Lett.*, **41**, 6341 (2000). (b) C. G.Bochet：*Angew. Chem. Int. Ed.*, **40**, 2071 (2001).
[30] M. J. Hansen, W. A. Velema, M. M. Lerch, W. Szmanski, B. L. Feringa：*Chem. Soc. Rev.*, **44**, 3358 (2015).
[31] M. M. Lerch, M. J. Hansen, W. A. Velema, W. Szymanski, B. L. Feringa：*Nat. Com-*

mun., **7**, 12054 (2016).
[32] I. Yonekawa, K. Mutoh, Y. Kobayashi, J. Abe：*J. Am. Chem. Soc.*, **140**, 1091 (2018).
[33] 山崎勝義：『物理化学 Monograph シリーズ（下）』，広島大学出版会 (2013)．
[34] 原田義也：『量子化学（下）』，裳華房 (2007)．
[35] 大野公一：『量子化学』，裳華房 (2012)．
[36] 原田義也：『量子化学（上）』，裳華房 (2007)．
[37] 寺嶋正秀，馬場正昭，松本吉泰：『現代物理化学』，化学同人 (2015)．
[38] (a) P. Piotrowiak, G. Strati：*J. Am. Chem. Soc.*, **118**, 8981 (1996). (b) T. Okazaki, K. Ogawa, T. Kitagawa, K. Takeuchi：*J. Org. Chem.*, **67**, 5981 (2002). (c) H. Yamashita, J. Abe：*J. Phys. Chem. A*, **118**, 1430 (2014). (d) A. Takai, D. J. Freas, T. Suzuki, M. Sugimoto, J. Labuta, R. Haruki, R. Kumai, S. Adachi, H. Sakai, T. Hasobe, Y. Matsushita, M. Takeuchi：*Org. Chem. Front.*, **4**, 650 (2017).
[39] 米澤貞次郎，永田親義，加藤博史，今村 詮，諸熊奎治：『三訂量子化学入門（下）』，化学同人 (1983)．
[40] 大野公男，阪井健男，望月祐志 訳：『新しい量子化学（下）』，東京大学出版会 (1988)．
[41] 近藤 保 編：『大学院講義物理化学』，東京化学同人 (1997)．
[42] M. A. Robb：*Adv. Phys. Org. Chem.*, **48**, 189 (2014).
[43] 井上晴夫，高木克彦，佐々木政子，朴 鐘震：『光化学 I』，丸善出版 (1999)．
[44] 井上晴夫，伊藤 攻 監訳：『分子光化学の原理』，丸善出版 (2013)．
[45] 光化学協会，光化学の事典編集委員会 編：『光化学の事典』，朝倉書店 (2014)．
[46] 徳丸克己：『有機光化学反応論』，東京化学同人 (1973)．
[47] (a) G. S. Hartley：*Nature*, **140**, 281 (1937). (b) G. S. Hartley：*J. Chem. Soc.*, 633 (1938).
[48] (a) N. Nishimura, T. Sueyoshi, H. Yamanaka, E. Imai, S. Yamamoto, S. Hasegawa：*Bull. Chem. Soc. Jpn.*, **49**, 13381 (1976). (b) K. S. Schanze, T. F. Mattox, D. G. Whitten：*J. Org. Chem.*, **48**, 2808 (1983). (c) J. Garcia-Amorós, A. Sánchez-Ferrer, W. A. Massad, S. Nonell, D. Velasco：*Phys. Chem. Chem. Phys.*, **12**, 13238 (2010).
[49] L. Vetráková, V. Ladányi, J. Al Anshori, P. Dvořák, J. Wirz, D. Heger：*Photochem. Photobiol. Sci.*, **16**, 1749 (2017).
[50] 稲葉 章 訳：『エンゲル・リード物理化学（上）』，東京化学同人 (2015)．
[51] 千原秀昭，江口太郎，齋藤一弥 訳：『物理化学（上）分子論的アプローチ』，東京化学同人 (1999)．
[52] A. A. Beharry, O. Sadovski, G. A. Woolley：*J. Am. Chem. Soc.*, **133**, 19684 (2011).
[53] D. Bléger, J. Schwarz, A. M. Brouwer, S. Hecht：*J. Am. Chem. Soc.*, **134**, 20597

(2012).
- [54] F. Zhao, L. Grubert, S. Hecht, D. Bléger：*Chem. Commun.*, **53**, 3323 (2017).
- [55] I. Fleming："Pericyclic Reactions", Oxford University Press (2015).
- [56] R. B. Woodward, R. Hoffman：*Angew. Chem. Int. Ed.*, **8**, 781 (1969).
- [57] 友田修司：『基礎量子化学―軌道概念で化学を考える』, 東京大学出版会 (2007).
- [58] F. A. Carroll："Perspectives on Structure and Mechanism in Organic Chemistry", John Wiley & Sons, New Jersey (2010).
- [59] K. Fukui, T. Yonezawa, H. Shingu：*J. Chem. Phys.*, **20**, 722 (1952).
- [60] R. B. Woodward, R. Hoffmann：*J. Am. Chem. Soc.*, **87**, 395 (1965).
- [61] W. G. Dauben, B. Disanayaka, D. J. H. Funhoff, B. E. Kohler, D. E. Schilke, B. Zhou：*J. Am. Chem. Soc.*, **113**, 8367 (1991).
- [62] M. Irie：*Chem. Rev.*, **100**, 1685 (2000).
- [63] 奥山 格, 山高 博：『有機反応論』, 朝倉書店 (2005).
- [64] F. A. Carey, R. J. Sundberg："Advanced Organic Chemistry Part A：Structure and Mechanisms", Springer, New York (2007).
- [65] (a) D. Guillaumont, T. Kobayashi, K. Kanda, H. Miyasaka, K. Uchida, S. Kobatake, K. Shibata, S. Nakamura, M. Irie：*J. Phys. Chem. A*, **106**, 7222 (2002). (b) Y. Ishibashi, M. Fujiwara, T. Umesato, H. Saito, S. Kobatake, M. Irie, H. Miyasaka：*J. Phys. Chem. C*, **115**, 4265 (2011). (c) Y. Ishibashi, T. Umesato, M. Fujiwara, K. Une, Y. Yoneda, H. Sotome, T. Katayama, S. Kobatake, T. Asahi, M. Irie, H. Miyasaka：*J. Phys. Chem. C*, **120**, 1170 (2016).
- [66] (a) H. Miyasaka, M. Murakami, A. Itaya, D. Guillaumont, S. Nakamura, M. Irie：*J. Am. Chem. Soc.*, **123**, 753 (2001). (b) M. Murakami, H. Miyasaka, T. Okada, S. Kobatake, M. Irie：*J. Am. Chem. Soc.*, **126**, 14764 (2004). (c) H. Sotome, T. Nagasaka, K. Une, S. Morikawa, T. Katayama, S. Kobatake, H. Miyasaka：*J. Am. Chem. Soc.*, **139**, 17159 (2017).
- [67] M. Klessinger, J. Michl："Exited States and Photochemistry of Organic Molecules", VCH Publisher, New York (1995).
- [68] 千原秀昭, 中村亘男 訳：『アトキンス物理化学 (上)』, 東京化学同人 (2009).
- [69] V. I. Minkin：*Chem. Rev.*, **104**, 2751 (2004).
- [70] S. A. Krysanov, M. V. Alfimov：*Chem. Phys. Lett.*, **91**, 77 (1982). (b) Y. Kalisky, T. E. Orlowski, D. J. Williams：*J. Phys. Chem.*, **87**, 5333 (1983). (c) C. Lenoble, R. S. Becker：*J. Phys. Chem.*, **90**, 62 (1986).
- [71] (a) R. Heiligman-Rim, Y. Hirshberg, E. Fischer：*J. Phys. Chem.*, **66**, 2465 (1962). (b) A. K. Chibisov, H. Gorner：*J. Phys. Chem. A*, **101**, 4305 (1997). (c) J. Hobley, V. Malatesta：*Phys. Chem. Chem. Phys.*, **2**, 57 (2000).

[72] (a) I. Shimizu, H. Kokado, E. Inoue：*Bull. Chem. Soc. Jpn.*, **42**, 1730 (1969). (b) K. Namba, I. Shimizu：*Bull. Chem. Soc. Jpn.*, **48**, 1323 (1975). (c) J. Sunamoto, K. Iwamoto, M. Akutagawa, M. Nagase, H. Kondo：*J. Am. Chem. Soc.*, **104**, 4904 (1982).

[73] Y. Satoh, Y. Ishibashi, S. Ito, Y. Nagasawa, H. Miyasaka, H. Chosrowjan, S. Taniguchi, N. Mataga, D. Kato, A. Kikuchi, J. Abe：*Chem. Phys. Lett.*, **448**, 228 (2007).

[74] (a) N. Ishii, T. Kato, J. Abe：*Sci. Rep.*, **2**, 819 (2012). (b) Y. Kobayashi, J. Abe：*Adv. Opt. Mater.*, **4**, 1354 (2016).

[75] (a) K. Mutoh, M. Sliwa, J. Abe：*J. Phys. Chem. C*, **117**, 4808 (2013). (b) W.-L. Gong, J. Yan, L.-X. Zhao, C. Li, Z.-L. Huang, B. Z. Tang, M.-Q. Zhu：*Photochem. Photobiol. Sci.*, **15**, 1433 (2016). (c) Q.-X. Hua, B. Xin, Z.-J. Xiong, W.-L. Gong, C. Li, Z.-L. Huang, M.-Q. Zhu：*Chem. Commun.*, **53**, 2669 (2017).

[76] 津田基之 編：『生物の光環境センサー』，共立出版（1999）.

[77] J. Dowling："The Retina：An Approachable Part of the Brain", Harvard University Press (1987).

[78] Y. Shichida, H. Imai：*Cell. Mol. Life Sci.*, **54**, 1299 (1998).

[79] T. H. Goldsmith：*Sci. Am.*, **295**, 69 (2006).

[80] (a) R. Morton, G. Pitt：*Fortschr. Chem. Org. Naturst.*, **14**, 244 (1957). (b) M. Akhtar, P. T. Blosse. P. B. Dewhurst：*Biochem. J.*, **110**, 693 (1968). (c) R. Hubbard：*Nature*, **221**, 432 (1969).

[81] R. W. Schoenlein, L. A. Peteanu, R. A. Mathies, C. V. Shank：*Science*, **254**, 5030 (1991).

[82] (a) D. Oesterhelt, W. Stoeckenius：*Nature*, **233**, 149 (1971). (b) D. Oesterhelt, W. Stoeckenius：*Proc. Natl. Acad. Sci. U.S.A.*, **70**, 2853 (1973).

[83] (a) R. Henderson, J. M. Baldwin, T. A. Ceskat, F. Zemlin, E. Beckmann, K. H. Downing：*J. Mol. Biol.*, **213**, 899 (1990). (b) 前田章夫，神山 勉：蛋白質 核酸 酵素，**52**，1314 (2007).

[84] (a) 和田正三，德富 哲，長谷あきら，長谷部光泰：『植物の光センシング』，秀潤 社 (2001). (b) E. Schaefer, F. Nagy (Eds.)："Photomorphogenesis in Plants and Bacteria：Function and Signal Transduction Mechanisms", Springer, Dordrecht (2006).

[85] W. L. Butler, K. H. Norris, H. W. Siegelman, S. B. Hendricks：*Proc. Natl. Acad. Sci. U.S.A.*, **45**, 1703 (1959).

[86] S. E. Braslavsky：*Pure Appl. Chem.*, **56**, 1153 (1984).

[87] 神取秀樹，八尾 寛，山中章弘 ほか：『オプトジェネティクス：光工学と遺伝学による行動制御技術の最前線』，エヌ・ティー・エス (2013).

索　引

【欧字】

AIE··120
Arrhenius の式··5
Bell-Evans-Polanyi の交差モデル······108
BEP モデル···108
BN-ImD··15
Born-Oppenheimer 近似······················26
cGMP 分解酵素·································154
CI 法··53
Coulomb 積分······································37
CT 準位··84
CT 相互作用··84
DASA···15
Dexter 機構···21
ESIPT···73
Förster 機構··21
Franck-Condon 遷移····························69
FRET··120
G タンパク質····································154
GFP··162
HABI···10, 136
Hamilton 演算子·································25
Hamiltonian 行列·································46
Hammond の仮説······························119
Hartree 積··32
Hartree-Fock 方程式····························59
Hilbert 空間···93
HOMO（準位）·····························40, 41
Hückel 近似···39
Larmor 周波数·····································89
LCAO 近似··33
LUMO（準位）······························40, 41
n 軌道··55
Neumann-Wigner の非交差則············66
$n\pi^*$ 遷移··57
$n\pi^*$ 励起状態·······································56
P 型フォトクロミック分子··················6
PABI···144
PALM···121
PDE··154
PE 曲線··28
Pfr 型··160
PIC··144
Pr 型···160
Schiff 塩基···149
Schrödinger 方程式······························25
Slater 行列式·······································32
SOMO··99
sp^2 混成軌道·······································35
STED 顕微鏡·····································121
STORM··121
T 型フォトクロミック分子··················6
Woodward-Hoffmann 則····················100
X 線結晶構造解析····························166
ZPE··30

π 結合··35
π 電子近似···35
π 分子軌道···34
$\pi\pi^*$ 遷移··55
$\pi\pi^*$ 励起状態····································55
σ 結合··35

【ア行】

アゾベンゼン……………………………78
アレニウスの式…………………………5

一次摂動論………………………………93
一重項ビラジカル……………………129
一電子軌道………………………………31
一電子波動関数…………………………31
一電子ハミルトン演算子………………32
イミダゾール二量体…………………137
インジゴ…………………………………72

ウッドワード・ホフマン則…………100

永年方程式………………………………38
エチレン…………………………………34
エネルギーギャップ則…………………71
エレクトロクロミズム…………………1
円錐交差…………………………………66

黄疸……………………………………164
オプシンシフト………………………150
オプトジェネティクス……………161, 168
オルソゴナル光スイッチ分子…………16

【カ行】

回避的面交差……………………………64
外部重原子効果…………………………90
解離型 PE 曲線………………………129
架橋型イミダゾール二量体……………11
角運動量…………………………………88
重なり積分………………………………36
重ね合わせの原理………………………51
桿体細胞………………………………148

規格化条件………………………………39
擬交差……………………………………64

軌道エネルギー…………………………33
軌道角運動量……………………………89
軌道関数…………………………………31
軌道相関図……………………………101
軌道相互作用…………………………110
軌道対称性保存則……………………100
逆旋的（反応）……………………99, 100
既約表現………………………………117
逆フォトクロミズム……………………13
凝集誘起発光…………………………120
共鳴積分…………………………………37
行列形式…………………………………44
禁制遷移…………………………………57
均等開裂……………………………11, 125

空軌道……………………………………40
クラミドモナス………………………155
クリプトクロム………………………147
クロミズム………………………………1
クーロン積分……………………………37
群論……………………………………114

蛍光顕微鏡……………………………121
ケージド化合物…………………………16
結合性軌道………………………………40
原子価互変異性…………………………12
原子軌道…………………………………32

項間交差…………………………………89
交換積分…………………………………58
交換相互作用……………………………58
光線療法………………………………164
固有関数…………………………………25
固有値……………………………………25
固有値方程式……………………………25

【サ行】

最高被占軌道·················40
歳差運動·····················88
最小エネルギー差の原理·········113
最大重なりの原理··············112
最低空軌道····················40
サーモクロミズム···············1
三重項増感剤··················21
三重項ビラジカル·············129

ジアリールエテン············107
時間分解X線結晶構造解析······166
時間分解レーザー誘起蛍光分光法···140
磁気モーメント················88
シグマトロピー転位············97
実時間ホログラム·············140
シッフ塩基··················149
自動調光サングラス·············5
指標表······················114
視物質·····················148
ジメチルジヒドロピレン·········14
重原子効果···················90
寿命··························7
シュレディンガー方程式·········25
状態相関図··················102
振電構造·····················81
振電遷移·····················82
振電相互作用·················82
振動エネルギー···············29
振動準位·····················30
振動波動関数·················29

錐体細胞··················148
スチルベン···················76
スピロオキサジン··············10
スピロ炭素原子···············133

スピロピラン················132
スピロピラン構造··············9
スピン一重項状態··············58
スピン角運動量···············88
スピン関数···················49
スピン軌道···················49
スピン-軌道相互作用············88
スピン禁制···················81
スピン座標···················49
スピン三重項状態··············58
スピン選択則··················81
スレーター行列式··············32

摂動·······················92
摂動ハミルトニアン············92
摂動論······················92
ゼロ点エネルギー··············30
ゼロ点振動準位················30
遷移双極子演算子··············80
前期解離···················131
全スピン角運動量量子数········61
全スピン方位量子数············61
全電子波動関数···············31

増感剤······················21
走光性·····················155
双性イオン···············76, 125
ソルバトクロミズム············10

【タ行】

ターアリーレン···············13
対称空間軌道·················60
対称スピン関数···············60
多電子波動関数···············31
多電子ハミルトン演算子········32
短日植物···················158
段違い相互作用則············113

断熱近似·····································26
断熱ポテンシャル·························27

チオインジゴ······························9
チャネルロドプシン···················155
中生植物·································159
超解像顕微鏡···························121
超高速分光·······························64
長日植物·································159
長波長シフト·····························42
調和振動子近似·························28
直積·······································117
直線自由エネルギー関係···········119

デクスター機構·························21
電荷移動準位·····························84
点群·······································114
電子エネルギー·························29
電子環状反応·····························97
電子供与体·······························84
電子受容体·······························84
電子遷移双極子モーメント·········80
電子配置·································50
電子波動関数·····························27
電照栽培·································159
電子励起状態···························53

同旋的（反応）·······················100
独立電子近似·····························31
トランス–シス光異性化反応·········8
トランスデューシン·················154
トランソイド–シス体···············132
トランソイド–トランス体········132
トリフェニルイミダゾリルラジカル···136
ドロンパ·································162

【ナ行】

内部重原子効果·························90
ナフトピラン···························132
二光子吸収反応·······················111
熱戻り反応································5
ノイマン・ウィグナーの非交差則······66

【ハ行】

バイオイメージング·················141
配置間相互作用法·······················53
配置状態関数·····························53
バクテリオロドプシン··············155
波動関数·································25
ハートリー積···························32
ハートリー・フォック方程式·······56
ハミルトニアン·························25
ハミルトニアン行列···················46
ハミルトン演算子·······················25
ハモンドの仮説·······················118
反結合性軌道·····························40
半減期·······································7
半占軌道·································99
反対称空間軌道·························60
反対称スピン関数·······················60
反対称スピン軌道·······················60
反対称性·································51

避陰反応·································160
ピエゾクロミズム························1
光遺伝子·································161
光片道異性化反応······················20
光駆動プロトンポンプ··············155
光受容体·································147
光増感反応·······························21

光定常状態······3
被占軌道······40
非線形蛍光スイッチ······120
非断熱結合······31, 66
非断熱遷移······66
ビナフチル架橋型イミダゾール二量体···15
ヒュッケル近似······39
ビラジカル性······76
ビリルビン······164
ヒルベルト空間······93

ファントム状態······71
フィトクロム······159
フィトクロモビリン······159
フェノキシル-イミダゾリルラジカル
　複合体······144
フェノシナフタセンキノン······11
フェムト化学······141
フェルスター機構······21
フェルスター共鳴エネルギー移動······120
フォトクロミズム······1
フォトクロミック蛍光タンパク質······162
フォトトロピー······2
フォトトロピズム······2
フォトトロピン······147
フォトメカニカル機能······12
付加環化反応······97
不均等開裂······125
輻射失活······68
フランク・コンドン遷移······69
フルギド······11
フロンティア軌道理論······98
分子軌道（法）······31, 32
分子マシン······94
分子ローター······94

平均場近似······32

ヘキサアリールビイミダゾール······10
ベクトルモデル······61
ヘテロリシス······125
ヘミチオインジゴ······9
ペリ環状反応······97
ベル・エバンス・ポランニーの交差
　モデル······108, 118
ベンゾフェノン······20
ペンタアリールビイミダゾール······144
変分原理······34
変分法······34
ポテンシャルエネルギー曲線······28
ホモリシス······125
ボルン・オッペンハイマー近似······25

【マ行】

膜タンパク質······155
無摂動ハミルトニアン······92
無輻射失活······68
メタロドプシンⅡ······153
メロシアニン構造······9
モータータンパク質······94

【ラ行】

ラチェットモデル······94
ラーモア周波数······89
立体選択性······100
緑色蛍光タンパク質······162
ルミルビン······164
励起状態ダイナミクス······69
励起状態プロトン移動······73
励起電子配置······53
レチナール······149

〔著者紹介〕

阿部二朗（あべ　じろう）
1991年　早稲田大学大学院理工学研究科博士後期課程修了
現　在　青山学院大学理工学部化学・生命科学科教授（工学博士）
専　門　光化学・機能材料化学

武藤克也（むとう　かつや）
2015年　青山学院大学大学院理工学研究科博士後期課程修了
現　在　青山学院大学理工学部化学・生命科学科助教（博士（理学））
専　門　光化学・機能材料化学

小林洋一（こばやし　よういち）
2011年　関西学院大学大学院理工学研究科博士課程後期課程修了
現　在　立命館大学生命科学部応用化学科准教授（博士（理学））
専　門　光化学・物理化学

化学の要点シリーズ　30　Essentials in Chemistry 30

フォトクロミズム
Photochromism

2019年3月30日　初版1刷発行
著　者　阿部二朗・武藤克也・小林洋一
編　集　日本化学会　Ⓒ2019
発行者　南條光章
発行所　**共立出版株式会社**
　　　　［URL］　www.kyoritsu-pub.co.jp
　　　　〒112-0006 東京都文京区小日向4-6-19　電話 03-3947-2511（代表）
　　　　振替口座　00110-2-57035
印　刷　藤原印刷
製　本　協栄製本

printed in Japan

検印廃止
NDC　431.5
ISBN 978-4-320-04471-5

一般社団法人
自然科学書協会
会員

|JCOPY|　＜出版者著作権管理機構委託出版物＞
本書の無断複製は著作権法上での例外を除き禁じられています．複製される場合は，そのつど事前に，出版者著作権管理機構（TEL：03-5244-5088，FAX：03-5244-5089，e-mail：info@jcopy.or.jp）の許諾を得てください．